물의 자연사

물의 자연사

지은이 앨리스 아웃워터
옮긴이 이충호

1판 1쇄 인쇄 2010. 2. 28.
1판 5쇄 발행 2022. 6. 15

펴낸곳 예지
펴낸이 김종욱

등록번호 제 1-2893호 | **등록일자** 2001. 7. 23.
주소 경기도 고양시 일산동구 호수로 662
전화 031-900-8061(마케팅), 8060(편집) | **팩스** 031-900-8062

ISBN 978-89-89797-64-7 03920

예지의 책은 오늘보다 나은 내일을 위한 선택입니다.

WATER: A NATURAL HISTORY
by Alice B. Outwater

Copyright ⓒ 1996 by Alice B. Outwater

All rights reserved.

Korean translation copyright ⓒ 2009 by Wisdom Publishing, Co.

Korean translation rights arranged with Vicky Bijur Literary Agency through EYA(Eric Yang Agency).

이 책의 한국어판 저작권은 EYA(Eric Yang Agency)를 통한
Vicky Bijur Literary Agency 사와의 독점계약으로 예·지에 있습니다.
이 책 내용의 일부 또는 전부를 재사용하려면 반드시 저작권자와
예·지 양측의 동의를 받아야 합니다.

값은 표지에 표기되어 있으며, 파본은 바꾸어드립니다.

자연은 최고의 정화 장치이다.

| 들어가며 |

깨끗한 물의 조건

1972년 미국은 국가적인 수질오염 위기에 대응하기 위해 수질오염방지법(Clean Water Act)을 제정했다. 이 법안은 수로의 화학적, 물리적, 생물학적 건강을 회복하고 유지하기 위한 것으로, 1985년까지 수로에 오염물질을 배출하는 행위가 완전히 없어지고, 전국의 모든 하천과 호수의 수질을 낚시, 수영이 가능한 수준으로 끌어올리는 것을 목표로 했다. 또 모든 도시에 하수처리장을 의무적으로 설치하고, 모든 산업에 하천으로 배출하는 오염물질을 줄이는 최신 기술을 도입하게 했다. 그 후 전국의 하천과 호수의 숨통을 조이던 오염 상태가 점차 개선되었다.

그러나 배출을 엄격하게 통제하는 것만으로는 전국의 수로를 회복시키기에 역부족이었다. 수질오염방지법이 제정되고 나서 한 세대가 지났지만, 미국의 전체 하천 길이와 호수 면적 중 약 3분의 1은 여전히 오염돼 있다. 그러니 노력을 더 기울여야 할 부분이 아직도 많이 남아 있는 셈이다.

이 책은 보스턴 하수처리장에서 탄생했다. 나는 버몬트 대학교에서 기계공학을 전공하고 MIT에서 기술과 정책 과정을 공부해 석사 학위를 받았는데, 특히 수질오염에 관한 생태학적, 화학적, 정치적, 경제적 기초를 집중적으로 연구했다. 1987년에 공부를 마친 뒤 60억 달러의 예산이 투입된 보스턴 항구 오염제거 작업에 참여해, 하수 슬러지(sludge, 오니. 물탱크나 수조 등에서 물을 침전시킬 때 그 부유물에서 가라앉은 고체 물질)를 토지에 이용할 방법을 찾는 일을 했다. 여기서 일하는 동안 나는 미국의 산업계가 전국의 하수체계에 산업폐기물을 더 이상 그다지 많이 배출하지 않는다는 사실을 알게 되었다.

내가 한 일 중에는 슬러지의 질을 평가하는 것도 있었는데, 그러려면 슬러지에 포함된 물질이 어디서 나온 것인지 추적해야 했다. 그 과정에서 미국 전역의 지방자치단체들이 보내온 슬러지에 관한 보고서를 검토했다. 그걸 보고 미국의 산업계가 오염 방지를 위해 많은 노력을 기울인 걸 알 수 있었다. 대다수 지방자치단체의 슬러지를 화학적으로 분석한 결과는 거름이 섞인 토양(우리가 먹는 농산물을 재배하는)과 별 차이가 없었으며, 거기에 화장지가 약간 섞여 있을 뿐이었다. 물론 고약한 냄새가 나긴 했지만, 화학적 오염도는 상당히 낮은 편이었다.

나는 수질오염에 대해 생각할 때 수도관 끝에서 바라보도록 훈련받았다. 수도관 속에서는 하루를 보내는 물이지만 자연계에서는 10년을 넘게 돌아다닌다. 물은 대지의 혈액이며, 끊임없이 움직인다. 비가 되어 산꼭대기에 떨어져서는 숲과 평야를 지나 바다로 흘러가 다시 구름이 되어 하늘로 올라간다. 그런데 북아메리카 대륙에서 자연적인 물의 순환은 여러 측면에서 변화를 겪었다. 그 결과 물은 더 이상 스스로를 자연적으로 정화할 수 없게 되었고, 우리의 수로는 우리가 법적 수단까지 동원해 최선의 노력을 기울이는데도 여전히 손상된 상태를 완전히 회복하지 못했다.

준설과 댐 건설, 수로 변경을 통해 그리고 물이 스스로 정화하는 생태적 지위에 간섭함으로써(때로는 그것을 완전히 제거함으로써) 우리는 자연을 흐르는 수로들을 단순하게 만들었고, 결국은 물을 더럽히고 말았다. 광대한 공유지를 관리하는 방식을 바꾸어야만 ― 콜럼버스가 오기 이전에 깨끗한 물이 흐르게 했던 자연계의 요소들을 회복시켜야만 ― 이 땅에 깨끗한 물이 다시 흐를 수 있을 것이다.

| 차례 |

들어가며

01 모피와 수질의 관계 … 10

02 비버의 댐 그리고 습지 … 36

03 수로의 콩팥, 숲 … 60

04 빗물의 여행 … 94

05 물을 모으는 풀의 바다 … 114

06 프레리의 개간과 물 부족 … 144

07 댐과 연어의 위기 … 168

08 홍합과 악어 그리고 공병대 … 192

09 수도관과 변기 … 218

10 수로로 흘러드는 오염물질 … 240

11 슬러지가 말해주는 것 … 266

참고문헌

1

모피와 수질의 관계

내가 살고 있는 이곳의 물에 관해 이야기하려면 의외로 중세 유럽에서부터 시작해야 한다. 그 당시 축사 옆의 비좁은 집에서 살았던 농부들은 아마도 외풍이 심한 널따란 홀을 두고 살았던 부자들보다 더 따뜻하게 지냈을 것이다. 오늘날의 개별난방 방식에 해당하는 벽난로는 비효율적이라서 한겨울의 매서운 추위를 막기에 역부족이었다. 부자들은 모피 이불을 덮고 잤고, 일어나면 모피를 덧댄 겉옷과 튜닉을 입었으며, 외출할 때에는 모피 외투를 입었다. 인류 역사상 중세만큼 모피를 많이 입었던 적은 없었다.

13세기 말에는 모피가 의상에서 차지하는 비중이 아주 컸는

데, 부자나 가난한 사람이나 모두 사시사철 모피를 입고 지냈다. 왕들과 대공들은 멋진 모피 의상을 많게는 20~30벌이나 소유했으며, 모피 의상을 두세 겹 껴입곤 했다. 프랑스와 영국 왕들의 의상 구입비 명세서를 보면, 왕실의 모피 소비가 엄청났다는 걸 알 수 있다. 예를 들면, 1285~88년 영국의 에드워드 1세는 다람쥐 모피를 매년 2만 벌이나 구입했다.

 모피를 입는 사람들이 왕족뿐이었더라면 그 시장은 아주 작았을 것이다. 일반 서민도 몇 실링(몇 주일 일하면 벌 수 있는)으로 살 수 있는 양가죽이나 고양이 가죽으로 만든 옷을 한두 벌 소유했다. 1363년 영국에서는 법으로 각 계층이 입을 수 있는 모피를 정했다. 일반 서민은 현지에서 나는 가죽(양, 토끼, 고양이, 여우)만 입을 수 있는 반면, 귀족과 성직자, 부자는 흰담비, 족제비, 스라소니, 검은담비, 비버, 하늘다람쥐의 모피를 입을 수 있었다.

 고급 모피 거래가 일찍부터 시작되고 활발하게 계속된 것은 놀랄 만한 일이 아니다. 9세기부터 바이킹 상인들은 핀족에게서 공물로 거둬들인 비버, 검은담비, 다람쥐를 영국으로 가져가 밀, 꿀, 포도주, 천과 바꾸었다. 마르세유의 모피 시장에서는 남유럽과 북아프리카에서 구해온 가죽이 팔렸다. 스칸디나비아와 러시아에서 가져온 가죽은 브루게에서 팔렸고, 에스파냐의 비버는 런던에서 팔렸다. 고급 모피에 대한 수요가 아주 컸기 때문에 모피상은 상당한 정치 권력과 사회적 명망을 누렸다. 빌(Elspeth Veale)이라는 역사학자에 따르면 모피상 길드는 보통 7년인 도제살이 기간을 14년으로 늘릴 정도로 막강한 권력을 휘둘렀다. 이 때문에 모피상 길드는 상인 계급 중에서 가장 배타적인 길드였다. 14세기 말에 이르자 모피 산업은 큰 호황을 누렸고, 모피 수요는 한계가 없는 것처럼 보였다. 유럽의 모피 동물들은 씨가 마를 지경에 이르렀다.

모피 사냥꾼들은 처음에는 그저 러시아의 오지로 더 깊이 들어가기만 하면 되었다. 14세기 후반에 러시아 북부와 서부 지역에서 수집해 노브고로트에서 영국으로 실어 보낸 모피에 대한 기록이 완전하게 남아 있다. 1384년 7~9월 발트 해에서 영국으로 수입된 가죽은 모두 38만 2982벌로, 영국 전체 모피 수입량의 97%에 해당했다. 1390년 3~11월에는 32만 3624벌이 수입되었는데, 그중 96%가 러시아에서 온 것이었다. 그 다음 200년 동안 유럽의 모피상들이 수입한 러시아의 다람쥐, 비버, 담비, 흰담비족제비, 검은담비의 가죽은 수백만 벌이나 되었다.

특히 비버의 수요가 높았는데, 거기에는 여러 가지 이유가 있었다. 첫째, 비버 가죽은 펠트(짐승의 털에 습기, 열, 압력을 가해 만든 천)로 만들기에 아주 적합했다. 속털은 양털이나 토끼털보다도 더 가늘고 촘촘하고, 각 털의 깃대는 작은 가시들로 뒤덮여 있는데 이것들이 서로 맞물리면 방수가 되었다. 피부에서 이 속털을 깎아내 만든 펠트천으로 모자를 만들면, 털에 붙어 있는 가시들이 서로 단단하게 맞물리기 때문에 다른 모피로 만든 모자보다 훨씬 오랫동안 형태를 유지했다. 둘째, 비버는 버릴 데가 없이 전체를 다 활용할 수 있었다. 털에 기름기를 공급하고 세력권을 표시하는 데 쓰이는 비버의 선분비액인 카스토레움은 의약품과 향수 원료로 귀하게 쓰였다. 비버 고기는 새 고기보다 더 맛있는데, 특히 비버의 꼬리는 별미로 꼽혔다. 게다가 비버 꼬리에는 비늘이 나 있어서 채소, 달걀, 생선만 먹을 수 있는 사순절 기간에 생선 대신 비버 고기를 먹을 수 있었다. 마지막으로, 비버는 댐을 만든 뒤 거기에 생긴 연못에서 살고 새끼를 기르는 데 시간이 많이 걸리기 때문에 잡기가 수월했다.

 비버는 한때 유럽 대륙 전역과 영국 제도의 야생 자연에서 서식했다. 그러나 사람들이 나무를 베어내고 모피상들이 비버 가죽을 비싼 값으로 사들이자, 비버는 사라지기 시작했다. 스코틀랜드의 비버 거래는 1350년경에 거의 중단될 지경에 이르렀는데, 그 무렵에 비버 가죽은 양가죽보다 무려 120배나 비싸게 거래되었다.

 유럽 대륙의 비버 거래도 크게 줄어들었는데, 1384년에 발트 해에서 영국으로 수입된 모피 37만 7200벌 중 비버는 3926벌뿐이었다. 프랑스 왕들의 의상 구입비 명세서에도 유럽에서 비버의 수가 크게 줄어든 사정이 반영돼 있다. 1387~88년 18개월 동안 필리프 왕과 그의 동생은 개인적으로 사용할 목적으로 비버 모자를 450개 주문할 수 있었지만, 다음 해에 필리프 왕은 자신과 아들의 몫으로 144개밖에 사지 못했다. 1390년에는 그것이 다시 62개로 줄어들었고, 나머지는 검은색 양, 담비, 토끼 가죽으로 만든 펠트 모자로 보충했다. 해가 갈수록 프랑스 왕이 구입할 수 있는 비버 모자의 개수는 점점 줄어들었다. 1415년 이후에 매년 구입한 모자 수백 개 중 비버 모자는 10개를 넘는 경우가 드물었다. 드러난 증거들을 보면, 비버 모자는 여전히 선호도가 높았다. 왕이 구입한 개수가 줄어든 것은 왕이 원해서 그런 게 아니었다. 사실, 비버 모자는 얼마나 귀하게 여겨졌던지 중요한 유산 품목이 될 정도였다.

　유리창, 개량 굴뚝, 석탄 연료와 같은 16세기의 기술 혁신으로 실내가 따뜻해지자 패션도 변했다. 개인 소유의 사치품으로 모피 대신에 화려한 직물과 보석이 선호되면서 모피 거래가 위축되었다. 이러한 거래 위축은 살아남은 유럽의 모피 동물들이 개체수를 회복하는 데 도움이 되었으나, 비버는 대부분의 유럽 지역에서 사라졌다. 16세기 중엽에는 시베리아와 스칸디나비아의 오지에 있는 연못들에서만 비버가 살고 있었다.

　그러나 패션계에서 비버 모자에 대한 수요가 여전히 높았기 때문에 사람들은 비버의 수가 줄어들든 말든 아랑곳하지 않았다. 그런데 지구상에서 아직도 수백만 마리의 비버가 살고 있는 곳이 딱 한 군데 남아 있었다. 그곳은 비버의 마지막 피난처였다.

유럽인이 '신세계'에 도착했을 때, 그들을 반겨주었던 인디언은 부싯돌, 칼, 뼈송곳, 돌이나 가죽으로 만든 솥을 사용하고 있었다. 유럽인의 철제 도구는 이러한 석기시대 도구보다 월등히 우수했으므로 인디언은 그런 물건을 간절히 원했다. 특히 여성들이 유럽의 기술을 크게 환영했다. 철제 솥, 칼, 송곳, 괭이는 그들이 쓰던 것보다 성능이 월등했고, 담요와 거친 천 같은 직물도 동물 가죽보다 편리했다. 도끼, 총, 탄약, 덫 그리고 시장경제는 인디언 남성들의 삶에도 큰 변화를 가져왔다. 유럽의 상품과 교환하기 위해 인디언이 내놓을 수 있는 것은 야생 자연에 넘쳐나는 동물 가죽뿐이었다.

그래서 일종의 파우스트적 거래 — 결국에는 그들에게서 생계를 유지할 수단마저 박탈하고, 유럽인이 도착하기 이전의 생활로 돌아갈 수 없게 만든 — 를 통해 인디언은 북아메리카의 모피 동물을 사냥하는 일에 전념하게 되었다.

그 첫번째 희생자가 비버였다. 17세기 중엽의 유럽에서는 비버 모자가 다시 풍부하게 넘쳐났고, 남녀 모두가 즐겨 썼다. 신사의 성장에는 타조 깃털로 장식한 검은색 비버 모자가 포함돼 있었다. 남자는 허리를 굽혀 인사를 할 때 우아한 동작으로 그 모자를 머리에서 벗는 게 예절이었다. 1638년 영국의 찰스 1세는 "모자를 만들 때에는 비버 가죽이나 털 외에 다른 것을 써서는 안 된다"라는 법령을 포고했다. 피프스(Samuel Pepys)는 1660년에 쓴 일기에서 비버 모자를 사는 데 4파운드 5실링(가발보다는 비싸고, 외투보다는 싼)이 들었다고 기록했다. 윌튼 백작 부인은 상류층 여성의 연간 의상 구입 품목에는 "깃털 달린 비버 모자"가 반드시 포함된다고 기록했는데, 그 비용은 3파운드(영국제 구두 한 벌과 맞먹는 가격)였다. 유럽에서는 누구나 모자를 쓰고 다녔는데, 그중에서 최고로 꼽힌 모자는 신세계 비버로 만든 것이었다.

비버 거래가 유럽에 미친 효과는 겉으로 분명히 드러났으나, 신세계에 미친 효과는 눈에 띄게 드러나지 않았다. 그렇지만 수그러들 줄 모르는 유럽인의 비버 모자 수요는 아메리카 인디언의 생활방식을 단번에 석기시대에서 철기시대로 바꾸어놓음으로써 큰 변화를 가져왔다. 인디언은 새로운 도구와 상품을 아주 빨리 받아들였기 때문에 전통 방식을 따르며 살아가는 인디언의 모습을 본 유럽인은 신세계에 맨 처음 도착한 사람들뿐이었다.

1620년 메이플라워 호를 타고 아메리카로 건너와 플리머스에 정착한 영국 청교도단은 코드 곶에 있던 인디언 마을들에서 유럽의 솥과 손도끼를 많이 보았는데, 필시 비버 가죽과 바꾸어 얻은 것들이었을 것이다. 역사학자 존슨(Edward Johnson)은 1653년에 "네덜란드, 프랑스, 에스파냐, 포르투갈의 비좁은 땅에서 교역을 하려고 건너온 상인들에게 이 황야가

17세기 상류층 여성의 연간 의상 구입 품목에는 "깃털 달린 비버 모자"가 반드시 포함되어 있었다.

훌륭한 시장으로 변하리라고는 아무도 상상하지 못했다"라고 썼다. 그러나 실제로 그런 일이 일어났다. 그 후 약 300년에 걸쳐 북아메리카의 모피 거래는 그 이전은 물론 그 이후에도 유례를 찾을 수 없을 정도로 신세계의 자연환경을 싹 바꿔놓았다.

모피 거래가 처음 시작될 당시엔 인디언은 상등품 비버(북부 지역에서 겨울철에 잡은 어른 비버) 10마리를 총 한 자루와 바꾸었다. 상등품 비버 한 마리는 화약 0.5파운드나 탄약 4파운드, 손도끼, 잭나이프 8개, 구슬 0.5파운드, 좋은 외투 한 벌, 담배 1파운드와 교환되었다. 인디언 모피 사냥꾼은 1657년에 예수회 신부에게 "비버만 있으면 만사형통이다. 비버는 솥, 손도끼, 검, 칼, 빵을 만든다. 비버는 모든 것을 만들어낸다. 영국인은 분별력이 없다. 비버 가죽을 하나 주면 칼을 2개나 준다"라고 말했다.

그러나 훨씬 치명적인 거래가 동시에 진행되고 있다는 사실을 눈치챈 사람은 아무도 없었다. 많은 사람은 콜럼버스가 매독(아메리카의 풍토병이던)을 유럽으로 가져왔다고 생각한다. 어쨌든 그가 유럽으로 돌아온 지 1년 안에 프랑스에 그 병이 퍼졌다는 것은 확실하다.

1494년 프랑스의 젊은 왕 샤를 8세가 3만 명의 군대를 이끌고 나폴리 공격에 나섰다. 그의 군대는 유럽 각지에서 온 병사들로 구성돼 있었다. 1495년 원정이 실패로 끝나고, 샤를 8세의 용병들은 성기에 전염성 궤양이 생긴 채 고향으로 돌아갔다. 매독 환자는 성기가 농포로 뒤덮이고 뼛속까지 궤양이 생겨 2주일 만에 죽는 경우도 있고 수십 년 동안 사는 경우도 있지만, 매독균이 신경계를 침범하면 실명과 정신이상 등의 증상이 나타나다가 결국 죽게 된다. 16세기에 유럽에서는 수백만 명이 매독으로 사망했는데, 이 범유행병은 사람들에게 무분별한 섹스가 치명적인 질병을 가져다준다는 값비싼 교훈을 다시 한 번 일깨워주었다. 매독은 결국 구세계의 방탕한 난봉꾼들을 청교도와 메이플라워 승선자들로 변화시키는 데 일조했다.

그런데 대서양 건너편에서는 훨씬 더 무서운 재앙이 일어나고 있었다. 유럽에서 건너온 질병들이 인디언 마을들을 휩쓸었다. 천연두, 홍역, 결핵, 독감, 발진티푸스에 면역력이 전혀 없던 인디언들은 이 질병들에 속수무책으로 죽어나갔다. 질병이 처음 번질 당시에는 마을당 사망률이 80~90%를 웃돌았다. 전통적인 치료법은 생물학적 공격 앞에 아무 소용이 없었다. 인디언들은 곧 신종 질병을 피하는 유일한 방법은 마을을 버리고 떠나 가족이나 공동체와 유대를 끊고 살아가는 것뿐이란 사실을 깨달았다.

가장 큰 피해를 입은 사람들은 정착하여 농사를 지으며 살아가던 인디언이었다. 새로운 질병의 공격을 받은 마을 주민은 농사 활동에서 중요한 단계(예컨대 옥수수를 심는 시기나 가을철 사냥 등)를 놓치는 경우가 많았고, 이 때문에 다음에 다시 질병이 덮쳐왔을 때에는 저항력이 크게 약해져 있었다. 연대기 편자인 커시먼(Robert Cushman)은 무서운 질병에서 살아남은 사람들은 "정신력이 크게 약해졌고, 얼굴도 흉하게 일그러졌으며, 두려움에 질린 사람들처럼 보였다"라고 기록했다.

청교도의 눈에는 그러한 전염병이 신세계에서 그들을 위해 땅을 마련해 주려는 하느님의 명백한 섭리로 보였다. 초기에 세운 유럽인 정착촌 중 50군데 이상은 인디언이 버리고 간 마을 근처에 들어섰고, 플리머스 정착민은 인디언의 땅을 무단점유했다. 매사추세츠 만 개척지의 초대 총독인 윈스럽(John Winthrop)은 친구에게 보낸 편지에서 "이렇게 하느님은 이 땅에 대한 우리의 권리를 명백히 보여주셨다"라고 썼다.

이러한 전염병의 공격에 대해 도망가는 것 외에는 아무런 대책도 없었던 인디언은 생존할 수 있는 길은 모피 거래뿐이라는 결론을 내렸는데, 이것은 유럽인에게 큰 이익을 가져다주었다. 인디언이 사냥을 해 구해온 비버 가죽은 플리머스 정착민에게는 짭짤한 현금이 되었다. 그것으로 개척지를 건설할 때 진 빚을 갚고, 유럽에서 필요한 물건을 수입하고, 결국에는 상당한 부를 축적할 수 있었다.

비버 가죽은 초기의 플리머스 정착민에게 중요한 자금원이 되었다. 스미스(John Smith) 선장은 1614년에 "고래를 잡고, 금과 구리 광산을 찾을 목적으로" 뉴잉글랜드에 도착했다. 그렇지만 "이것들이 모두 실패로 돌아가면 물고기와 모피가 우리의 마지막 피난처가 될 것"이라고 말했다. 결국 그는 금을 찾지 못했고, 고래도 전혀 잡지 못했다. 그래서 물고기를 잡고 모피 거래에 나섰다. 부하들이 물고기를 잡는 동안 그는 작은 보트를 타고 해안 지역을 돌아다니면서 "소총을 주고 대신에 비버 가죽 약 1100벌, 담비 가죽 약 100벌, 수달 가죽도 거의 비슷한 개수를 받았다. 그 대부분은 100km 이내의 거리에서 얻었다." 영국의 한 상인 컨소시엄이 초기 플리머스 정착민들이 신세계에 개척지를 세우는 데 필요한 자금을 지원하기로 결정을 내린 데에는 물고기와 모피 거래에서 큰 이익을 얻을 수 있다는 스미스의 평가가 중요한 역할을 했다.

1620년 11월 초에 케이프 곶에 도착한 메이플라워 호 승선자들은 정착촌을 세우기에 적당한 장소를 물색하느라 한 달을 보냈다. 이전에 항해한 사람들은 케이프 곶과 그 북쪽에 천막식 오두막집, 옥수수·호박·콩이 풍요롭게 자라는 밭과 함께 인디언 농촌들이 늘어서 있다고 보고했다. 그러나 마을들은 얼마 전까지 사람이 살았던 흔적은 있었지만, 모두 텅 비어 있었다. 농작물 그루터기만 남은 밭, 텅 빈 천막식 오두막집, 지하 저장소, 매장지, 유럽의 도구 등이 발견되었다. 일부 마을에서는 두개골과 뼈가 땅 위에 여기저기 흩어져 있었는데, 전염병이 무섭게 번지는 바람에 죽은 사람들을 매장해 줄 사람마저 없었던 것 같았다. 더 이상 농사를 지을 의욕도, 사람도 없어 버리고 떠난 밭들이 방치돼 있었는데, 유럽인은 기뻐하며 그 땅들을 차지했다.

다음 해 봄에 '스콴토'라는 인디언이 그들을 찾아왔을 때에는 플리머스 정착민 중 절반 이상이 죽었다. 그들은 전염병이 아니라, 영양결핍과 심한 추위 때문에 죽어갔다. 스콴토는 자신이 유럽에서 온 그들이 차지하고 있는 땅에 살았던 포툭세트족 중에서 유일하게 살아남은 사람이라고 말했다. 그는 플리머스 정착민에게 옥수수를 주고, 그것을 재배하는 법을 가르쳐주었다. 플리머스 정착민은 밭을 경작하고 나서 영국 상인들에게 진 빚을 갚기 위해 모피를 찾아나섰다. 스콴토가 안내를 자청하고 나서 오늘날의 보스턴 항구까지 '매사추세츠 항해' 길을 인도했다. 오늘날의 찰스타운 지역에 도착해 배에서 내린 그들은 메드퍼드 방향으로 걸어가다가 비버 가죽을 입은 인디언을 몇 사람 만났다. 한 탐험대원이 기록하기를, 여성들은 "걸치고 있던 외투를 팔려고 벗어 나뭇가지에다 묶었는데, 몹시 부끄러워하는 표정을 지었다(실제로 그들은 일부 영국 여성들보다 훨씬 정숙했기 때문이다)."

플리머스 정착민들이 사들인 외투들은 털가죽의 품질이 가장 좋은 시기인 겨울철에 잡은 비버로 만든 것들이었다. 그러한 외투를 만들 때 인디언 여성들은 가죽 안쪽 면을 박박 긁어낸 뒤 호박으로 문질렀다. 각 가죽을 직사각형 모양으로 자른 뒤 5~8장을 말코손바닥사슴의 힘줄로 꿰매 외투로 만들었다.

그리고 털이 안쪽으로 가도록 하여 입었다. 15~18개월 정도 입고 나면, 가죽은 윤기가 나고 잘 접히며 노란색으로 변하고 보풀이 일어 펠트 제조 공정에 알맞은 상태가 된다. 신대륙에서 비버 거래가 일어나던 초기에 유럽의 궁정 사람들은 북아메리카 인디언이 입던 외투로 만든 모자를 썼다.

플리머스 정착민들은 보트에 비버 가죽을 가득 싣고 떠나면서 나중에 다시 오겠다고 약속했다. 그리고 약속대로 다음 해 3월에 스탠디시(Miles Standish) 선장과 함께 다시 찾아와 상당량의 거래를 성사시켰다. 플리머스 개척지는 근처에 항해가 가능한 큰 강이 없기 때문에 뉴잉글랜드의 내륙 지역으로 들어가 광범위한 모피 거래를 하기에 불리했다. 대신에 플리머스 정착민들은 해안을 따라 올라가면서 모피 거래를 했고, 1625년에는 메인 주까지 모피 거래 영역을 넓혔다. 플리머스 개척지 총독 브래드퍼드(William Bradford)는 그들이 "비버 가죽과 그 밖의 모피 약간을 합쳐 약 700파운드"를 싣고 돌아왔다고 기록했다.

비버 가죽을 싣고 영국으로 출발한 배들 중 처음 두 척은 해적에게 약탈당했으나, 1628년에 659파운드어치의 화물이 무사히 도착하면서 플리머스의 모피 교역은 급성장하기 시작했다. 1631~36년 브래드퍼드 총독은 비버 교역으로 얻은 수입이 약 1만 파운드에 달한다고 추정했는데, 플리머스처럼 작은 개척지에게는 "엄청난 거금"이었다.

그런데 플리머스의 교역자들에게 경쟁자가 없는 것은 아니었다. 메인 주의 비버를 노리는 모피상들은 또 있었다. 1620년에 메인 주의 비버 가죽을 사려고 온 배는 6~7척이었으나, 4년 뒤에는 영국 서부 지역에서 온 배 40여 척이 메인 주의 바다를 누비면서 인디언이 겨울 동안 모아둔 모피를 사갔다. 오거스타, 브런즈윅, 포틀랜드를 비롯해 많은 마을이 메인 주의 비버 가죽 거래를 위한 교역 기지로 건설되었다.

코네티컷 강 계곡에서는 영국인 사업가 핀천(William Pynchon)이 모피 거래 독점권을 얻었다. 1670년대 중엽까지 코네티컷 강 계곡에서만 약 25만 벌의 비버 가죽을 영국으로 실어 보냈고, 그 후 이 부근에서는 비버를 더 이상 볼 수 없었다.

네덜란드인은 케이프 곶 남쪽 지역의 모피 거래를 거의 독점했다. 1624년 네덜란드 서인도회사는 뉴암스테르담에서 400벌의 비버 가죽을 보냈다. 허드슨 강에는 비버가 많았으며, 매년 수만 벌의 비버 가죽을 실어 보냈다. 1664년에 영국인이 뉴암스테르담을 점령하여 그 이름을 뉴욕으로 바꾸고, 모피 거래 사업도 넘겨받았다. 20년 뒤 영국인들이 불평하기를, "금년에는…수입이 크게 줄었다. 다른 해에는 생가죽 외에도 비버 가죽을 3만 5000~4만 벌이나 영국으로 보냈는데, 금년에는 겨우 9000벌밖에 보내지 못했다."

비버 가죽은 1700년까지 뉴욕의 주요 수출 품목이었는데, 그해에 갑자기 교역이 끝나고 말았다. 그때까지 런던이 뉴욕에서 수입한 비버 가죽은 약 200만 벌이나 되었다. 프랑스, 네덜란드, 에스파냐, 포르투갈도 아메리카에서 비버를 수입했기 때문에 사냥당한 비버의 수는 엄청났을 것이다. 비버의 개체수는 수천 년 동안 안정 상태를 유지해 왔다. 그러다가 1700년 무렵에 이르러 비버는 아메리카 동해안에서는 거의 씨가 말랐다.

나중에 미국이 된 아메리카 개척지에서는 모피 거래를 자유방임 상태로 허용했지만, 캐나다가 된 지역에서는 지속 가능한 사업으로 관리했다. 1682년에 설립인가를 받은 허드슨베이 회사는 모피 동물의 개체수를 보존하려고 노력했다. 한 지역에서 계절 사냥을 한 뒤에는 개체수 회복을 위해 그 지역에는 몇 년간 휴식기를 두었다. 광대한 면적의 야생 자연에 대해 독점적 관할권을 부여받은 허드슨베이 회사는 거의 200년 동안 독점적 지위를 누리면서 캐나다의 비버 개체군을 보존했다. 그러나 남쪽에 정착한 유럽인 이주민은 그만큼 사려 깊지 못했다.

≈

북아메리카 전역에서 모피 거래는 변경 생활의 핵심 요소이자 탐험을 자극한 원동력이었다. 모피상들은 한동안은 인디언과 공존했다. 모피상들은 일반적으로 인디언이 따르던 관행에서 벗어나지 않고 활동했으며, 인디언의 영토는 전혀 넘보지 않았다. 그들은 처음부터 인디언 여성을 아내로 맞이했고, 이러한 결합을 계기로 인디언과 모피상 사이에 동맹과 문화적 연결 고리가 생겨났다. 인디언이 사냥을 맡는 한 모피 거래의 전체 비용은 낮은 편이었고, 대부분의 인디언 부족은 모피와 유럽의 상품을 맞바꾸는 교역을 환영했다. 상인은 생산에 관련된 부문을 관리하고, 인디언이 노동력을 제공했다. 백인은 돈을 벌었고, 인디언은 금속제 도구와 물건을 얻었다. 모피 거래는 인디언에게 사유재산과 일상적인 노동이라는 개념을 가르쳐주는 문명의 전도사로 간주되었다.

문제는 비버 가죽에 대한 수요는 거의 무한한 반면, 공급은 유한하다는 데 있었다. 일단 교역상품에 의존하며 살아가게 된 인디언 부족은 거기서 헤어날 수 없었다. 철제 도구는 쓰다 보면 부서지고, 총은 탄약과 화약을 계속 구입하게 만들었고, 천과 구슬도 늘 새것이 필요했다. 백인 상인들이 오기 전에는 식량과 의류를 얻기 위해 적은 수의 비버만을 창으로 잡았다. 그런데 이젠 눈에 보이는 족족 비버를 잡게 되었고, 한 사냥철에 전체 개체군이 사라지는 일도 비일비재했다. 한 지역에서 비버가 완전히 사라지면, 모피상들은 다른 지역으로 옮겨갔다.

1634년 오대호의 개척지에 파견된 한 예수회 선교사는 "이 동물들은 번식력이 뛰어나다. 암컷은 1년에 많게는 5~6마리의 새끼를 낳는다. 그러나 야만인은 비버가 사는 곳을 발견하면 암수나 크기를 가리지 않고 모조리 다 죽인다. 이들은 이 지역에서 이 종을 절멸시킬 위험이 있다. 휴런족이 바로 그랬다. 비버가 한 마리도 없자 그들은 가죽을 사러 다른 곳으로 가야 했다"라고 기록했다. 그의 암울한 전망은 앞날을 제대로 내다본 것이었다.

1700년대에 영국 개척지들은 오늘날의 메인 주에서 플로리다 주까지 해안 지역을 따라 폭이 약 640km밖에 안되는 길고 좁은 띠 모양의 땅에 자리를 잡고 있었다. 나머지 땅은 에스파냐, 프랑스, 영국이 소유권을 주장했지만, 그곳에는 이미 수십 개의 인디언 부족이 살고 있었고 그들은 더 이상 백인에게 호의적이지 않았다. 백인을 살해하고 머리 가죽을 벗기는 일이 종종 일어났다. 고문 기술이 고도로 발달한 부족도 있었는데, 그들은 포로를 산 채로 껍질을 벗기거나 고통스러운 방식으로 사지를 절단하거나 며칠에 걸쳐 조금씩 태워 죽였다. 프랑스인, 에스파냐인, 영국인은 각각의 부족과 그때그때 필요한 조약을 체결하거나 동맹을 맺는 방식으로 비버 가죽을 구하기 위해 점점 더 내륙 쪽으로 교역 기지를 옮겨갔다. 서양인의 모피 강탈이 본격적으로 시작된 것이다.

내륙 지역에서 구한 비버 가죽은 캐나다 전역의 황야, 미시시피 강 상류, 미주리 강에서 가져온 가죽들이 모이는 장소인 몬트리올에서 배로 실어 보냈다. 백인들은 수족이 사는 그레이트플레인스 지역에도 침입했다. 인디언 말을 할 줄 알고, 인디언 관습을 잘 알던 초기 탐험가의 아들, 손자 들은 인디언들에게 자기들을 따라오면 상품이 가득 차 있는 거대한 창고를 보게 될 거라고 이야기했다. 백인 상인들의 안내를 받아 인디언들은 미시시피 강 상류와 미주리 강의 비버 산지에서 비버 가죽을 가득 실은 카누를 타고 오대호를 지나 몬트리올까지 노를 저어 갔다. 왕복 6400km가 넘는 거리였다. 이 여행에 나서는 카누 수는 점점 늘어났고, 인디언들은 거센 급류의 물살과 살을 파고드는 가죽끈을 견뎌내며 땀을 뻘뻘 흘리고 노래를 부르거나 욕을 하면서 여행을 계속했다.

라 살(La Salle)을 비롯한 프랑스 탐험가들이 미시시피 강과 미주리 강을 탐험한 후, 완전 무장한 탐험대가 이 강들을 수십 차례나 오르내리며 교역상품을 실어 날랐다. 수족은 이제 대륙 중앙의 프레리에서 몬트리올까지 짐을 가득 실은 카누를 저어 가는 대신에 사는 곳 가까이에서 교역을 할 수 있게 되었다.

1748년 초에 프랑스인 33명은 미주리 강 상류와 사우스플랫 강까지 가서 코만치족, 위치타족, 어시니보인족과 교역을 했고, 에스파냐인은 오세이지족과 파니누아르족, 니오브라라족, 아리카라족과 교역을 했다. 또 프랑스인은 코만치족, 후마노족과 조약을 맺어 뉴멕시코 지역까지 모피상을 보낼 수 있었다.

1763년에 세워진 세인트루이스는 곧 세계적인 모피 거래 중심지가 되었다. 교역상품을 가득 실은 마상이(하나의 통나무로 만든 간단한 형태의 통나무배)가 뉴올리언스에서 상류로 올라가 모피와 의류를 가득 싣고 돌아왔는데, 때로는 잔뜩 실은 짐 때문에 섬처럼 보이는 거대한 뗏목을 끌고 오기도 했다. 한 번의 여행에서 많게는 약 3만 벌의 비버 모피를 시장에 공급했다.

  18세기가 끝날 무렵에 이르자 비버는 거의 사라졌다. 비버가 사는 곳은 사람의 발길이 닿기 힘든 아주 험한 곳뿐이었다. 가난에 시달리고 질병으로 허약해진 인디언들은 해적으로 변했다. 그들은 모피를 구하기 힘들게 된 오대호 지역을 여행하는 상인들을 습격해 닥치는 대로 물건을 빼앗았다. 모피 사냥꾼들은 물살이 느린 미주리 강을 거슬러 몇 달 동안 여행한 뒤, 황무지를 지나 개울이 거의 없는 버펄로 컨트리로 들어가 로키 산맥 기슭으로 갔다. 그곳에는 고지대에 흐르는 개울이 많았지만, 비버는 전혀 볼 수 없었다. 동부에서는 백인 정착민이, 북부에서는 허드슨베이 회사가, 남부와 서부에서는 프랑스인과 에스파냐인이 비버의 씨를 말렸다.

  루이스(Meriwether Lewis)와 클라크(William Clark)가 1804년 서부 탐험에 나섰을 때, 그들이 맡은 중요한 임무 중 하나는 미주리 강을 지나 서부로 가는 모피 교역로를 찾는 것이었다. 제퍼슨 대통령은 루이스에게 모피 동물의 종과 개체수를 기록하고, 모피 거래에 대한 인디언의 태도를 확인하고, "상업적 목적을 위해 대륙을 가로지르는 가장 직접적이고 실용성 있는 수로"를 찾으라고 지시했다. 탐험가들은 영웅이 되었고, 그레이트플레인스 북부 지역과 로키 산맥 지역의 여행 보고서는 신문을 통해 널리 알려졌다. 루이스와 클라크는 "지구상의 어느 지역보다 비버와 수달이 풍부한" 블랙풋족의 땅과 비버가 하도 많아 개울에서 몽둥이로 때려잡을 수 있는 크로족의 땅에 대한 글을 썼다. 그레이트플레인스와 로키 산맥이 만나는 지점을 흐르는 강들은 미국에 마지막으로 남은 비버의 거대 서식지였다. 1806년에 루이스와 클라크가 돌아올 무렵에는 이미 모피 원정대가 짐을 꾸리고 있었다.

500년 동안이나 발달해 온 모피 거래는 마지막으로 남은 비버 모피 물량을 최대한 활용할 만반의 준비가 되어 있었다. 80마리의 말을 동원해 험한 산악 지역에서 물건을 실어 날랐다. 각 집단마다 자체 집결지를 만들었는데, 최대 2000명의 인디언 모피 사냥꾼이 그곳에서 2주일 동안 야영을 하고 술을 마시고 놀면서 그들이 가져온 생가죽을 도구와 천과 담배와 교환했다.

1820년대가 되자, 로키 산맥의 인디언들은 모피를 백인이 가져온 물건과 교환하는 것이 자신들의 문화를 해체한다는 사실을 깨닫고 더 이상 모피를 구해오려 하지 않았다. 인디언이 비버를 잡아 그 가죽을 교역 기지로 가져오지 않자, 모피 회사들은 백인 사냥꾼들에게 모피를 구해오게 했다. 약 20년 동안 1000명 이상의 마운틴맨*이 연중 내내 로키 산맥의 개울에서 사냥을 했다. 거대 모피 회사 10여 곳이 비버 모피를 거래했으며, 모피 거래를 위해 설립했다가 잠깐 호황을 누린 뒤에 사

모피를 얻기 위해 로키 산맥 지역으로 들어간 서부 개척자들인 '마운틴맨'들은 인디언과 자주 접촉하면서 인디언의 생활방식과 신앙을 많이 받아들였다.

라져간 작은 회사들도 수백여 개나 된다. 〔이때 큰돈을 번 사람 중에 뉴욕공립도서관의 전신이 된 두 도서관 중 하나를 세운 애스터(John J. Astor)가 있는데, 그가 세운 아메리카모피회사는 컬럼비아 강 유역에서 비버 가죽을 배에 실어 보냈다. 그러니까 뉴욕공립도서관은 바로 비버가 세운 것이나 다름없다.〕 마운틴맨은 혹독한 환경 속에서도 미국에 마지막으로 남아 있던 비버의 씨를 말리기 위해 각자 최선을 다했다.

1843년에 오리건 통로를 따라 최초의 포장마차대가 서부로 출발할 무렵 미국에서 비버는 거의 완전히 사라졌다. 마운틴맨은 모피 사냥을 그만둔 뒤 길 안내인으로 나섰고, 모자에 쓰이던 비버 펠트는 중국에서 수입한 실크로 대체되었다. 어두운 색의 비버 모자에서 밝은 색의 실크 모자로 패션이 바뀌면서 한 시대가 막을 내렸다.

유럽인과의 거래를 통해 얻는 이익과 유럽제 도구의 도움으로 아메리카 인디언은 비버의 씨를 말리는 일을 아주 효과적

* 마운틴맨(mountain man). 마운틴맨은 로키 산맥 지역의 서부 개척자들을 통틀어 일컫는 말이다. 이들은 모피를 얻기 위해 그 지역으로 들어갔으며, 사람의 발길이 닿지 않는 깨끗한 시냇물에 사는 비버를 잡기 위해 서부 지역을 탐험했다. 마운틴맨은 인디언과 자주 접촉하면서 인디언의 생활방식과 신앙도 많이 받아들였다. 여름철이 되면 한곳에 집결했는데, 특히 오늘날의 와이오밍 주를 흘러가는 그린 강에서 만나는 것이 관례가 되었다. 그들은 이곳에서 장사도 하고 휴식도 즐겼다. 동부 지역에서 서부로 이주민이 몰려오자 많은 마운틴맨들이 주변을 정찰하고 안내하는 역할을 맡았지만, 이러한 생활방식은 문명이 발달하면서 점차 사라졌다.

으로 해냈다. 인디언 부족은 거래를 통해 필요한 물품을 얻었고, 모피상들은 부자가 되었으며, 유럽인은 모자를 얻었다. 사회는 항상 유행을 좇게 마련이다. 하지만 이러한 일시적 유행 때문에 신세계는 수로의 형태를 결정하던 동물 대부분을 잃었다. 비버는 땅을 풍요롭게 하는 생태계를 만들어내고 유지해 왔지만, 1840년대에 비버 모자가 실크 모자에 밀려날 무렵엔 거의 멸종 상태에 이르렀다. 미국에서 얼마나 많은 비버를 잡아 죽였던지 지금도 황량한 서부 지역에서는 그 개체수가 아주 적은 편이다.

오늘날 미국에는 700만~1200만 마리의 비버가 살고 있는데, 대부분 오대호와 미시시피 강 범람원 주변에 살고 있다. 거의 강박증에 가깝게 밤마다 댐을 만드는 비버의 활동을 그 기반으로 삼았던 생태계 전체가 느리지만 꾸준히 무너져 내리고 있었다. 미국 사람들이 자신들이 잃은 게 정확하게 무엇인지 깨닫기까지는 수백 년이라는 세월이 걸렸다.

2

비버의 댐 그리고 습지

비버는 무척 친근감이 가는 동물이다. 몸길이는 1m 정도, 똑바로 선 키는 30cm가 조금 넘는 비버는 공학을 사랑하는 작은 인간처럼 보인다. 온순하고 깨끗한 비버는 애완동물로 기르기에도 좋은데, 개처럼 주인을 졸졸 따라다니면서 주인이 원하면 언제든지 무릎 위로 기어 올라가 문질러달라고 배를 내민다. 인디언 야영지에서는 비버를 흔히 애완동물로 키웠지만 현대식 가정에서 키우는 데에는 치명적인 결함이 있다. 비버는 늘 가만히 있지 못하고 댐을 지으려는 습성이 있기 때문이다. 실내에서 키우면 비버는 탁자와 의자 다리를 잘라 가구들 사이에 작은 댐을 짓는다. 제멋대로 하게 내버려두면 물길의 방향도 바꿔놓는다.

자연 경관을 변화시키는 능력은 사람을 제외하면 모든 포유류 중에서 비버가 단연 으뜸이다. 그 조상은 약 1000만 년 전부터 댐을 지어왔다. 신생대 마이오세에 살았던 비버의 조상은 몸길이가 2m 정도였고, 매머드가 지구 위에서 걸어다니기 오래전부터 나무를 잘라 넘어뜨렸다. 이들이 땅속에 파놓은 나선형 땅굴은 서유럽, 중앙아시아, 북아메리카 등지에서 발견된다. 이들이 멸종한 뒤 땅굴을 채운 물질 부스러기가 화석으로 변해 생긴 기묘한 모양의 돌을 지질학자들은 '악마의 코르크마개뽑개'라고 부른다.

선사시대에 살았던 이 거대 동물에 관한 전설은 한때 인디언들 사이에 널리 퍼졌다. 캐나다의 노바스코샤 주 지역에 살던 인디언은 옛날에 아나폴리스 계곡을 물에 잠기게 할 정도로 거대한 비버 댐이 있었다고 말했다. 더 서쪽 지역에서는 인디언 조상들이 거대한 비버 이빨로 통나무를 파내 카누를 만들었다는 이야기가 널리 퍼져 있었다.

북아메리카 각지의 인디언 부족들 사이에는 위대한 정령(우주를 창조하고 관장하는 최고신)이 땅과 바다를 만들고, 거기에 동물과 사람을 채울 때 비버가 그 일을 도와주었다는 전설이 전해 내려온다. 캄캄하고 해변도 없는 세계에서 거대한 물이 출렁이던 아주 먼 옛날, 거대한 비버가 헤엄을 치면서 잠수하여 위대한 정령과 대화를 나누었다. 둘은 바닥에서 진흙을 가지고 올라와 동굴과 계곡을 파내고, 진흙을 빚어 언덕과 골짜기를 만들고, 폭포가 떨어지는 산을 만들었다. 일부 부족은 천둥소리는 거대한 비버가 꼬리를 탁 칠 때 나는 소리라고 믿었다.

유럽인이 신세계에 오기 전에 아메리카비버는 아메리카 대륙에서 크게 번성한 포유류로, 북극 지방의 툰드라에서부터 멕시코 북부 사막에 이르기까지 물이 있는 곳이면 어느 곳에나 살았다. 사나운 악어가 득시글대던 플로리다 주와 루이지애나 주의 습지에서만 보기 힘들었다. 그 밖의 지역에서는 수천 개의 개울을 따라 비버가 만든 댐이 줄줄이 이어져 있었는데, 1평방마일의 면적에 많게는 댐이 300개나 들어섰다. 그런 댐들 주위에는 각각 적당한 습지가 조성되었다.

한때 미국에는 최대 2억 마리의 비버가 살았을 것으로 추정된다. 비버가 댐을 만들면 숲은 풀밭으로 변했고, 습지에는 서서히 실트가 쌓였다. 비버의 토목공사는 계곡에 유기물질을 놀랍도록 균일하게 퇴적시켰고, 삼림지대 사이로 바둑판 무늬 같은 풀밭들을 만들어냈으며, 동식물 군집들이 많이 모여 살아가는 비옥한 지역인 물가를 많이 만들어냈다.

비버는 핵심종(생태계를 유지하는 데 중요한 역할을 하는 동식물 종)이다. 비버가 댐을 건설하는 곳에는 넓은 습지가 생기는데, 이러한 습지는 이동하는 오리, 말코손바닥사슴에서부터 물고기, 개구리, 큰왜가리에 이르기까지 수십 종의 동식물에게 보금자리와 먹이를 제공하기 때문이다.

온순하고 깨끗해 인디언이 애완동물로 키우기도 했던 비버의 자연 경관을 변화시키는 능력은 사람을 제외하면 포유류 중 최강이다.

비버는 뿌리와 덩이줄기, 나무껍질 안쪽 부분을 먹고 살아가는 완전한 채식성 동물이다. 그래서 비버의 고기는 연하고 달콤하다. 이 때문에 다른 동물들이 좋아하는 먹이가 되는 걸 피하려고 오래전부터 물속으로 들어가 사는 데 적응했다. 촘촘한 털가죽은 열을 보존하는 효과가 뛰어나다. 비늘로 덮인 꼬리는 헤엄칠 때는 키 역할을 할 뿐만 아니라, 지방 저장고, 내부 온도조절 장치의 기능을 한다. 또 물을 찰싹 때릴 때 큰 소리를 내 다른 비버에게 위험을 알리는 조기경보 장치의 기능까지 한다.

중세의 만찬에 '곰 발바닥 요리'란 이름으로 나온 비버 꼬리에는 아주 특별한 사실이 숨겨져 있다. 비버에게는 외부로 노출된 고환이나 수컷 생식기가 없는데, 비버의 학명이 라틴어 'castorium'(거세된)에서 유래한 'Castor'로 정해진 것도 이 때문이다(빅토리아 시대의 일부 문헌에는 'Castor'가 '배'를 뜻하는 그리스어 'gaster'에서 유래했다고 기록돼 있지만, 그때는 부끄러움이 많던 시대였으니까).

비버의 생식기는 정숙하게 몸 안쪽에 숨겨져 있는 반면, 암수 모두 항문 근처에 있는 한 쌍의 분비선에서 카스토레움을 분비해 털가죽에 기름칠을 하거나 세력권을 표시하는 둔덕에 냄새를 남긴다. 중세 때 카스토레움은 두통에서부터 발기부전에 이르기까지 다양한 질환 치료에 쓰이는 인기 있는 약이었다. 카스토레움에는 아스피린의 주성분인 살리실산이 다량 들어 있는데, 비버가 버드나무 껍질을 먹고 소화시켜 만들었을 것이다. 카스토레움은 오래전부터 향수의 원료로도 사용돼 왔는데, 자극적인 그 냄새는 오렌지를 태우는 것과 비슷한 냄새에 아일랜드 토탄을 태울 때 나는 연기 냄새, 품질 좋은 파이프 담배 냄새가 약간 섞이고, 소두구와 차 냄새가 미세하게 곁들여진 것이라고 묘사되었다.

비버의 이빨은 계속 자란다. 위턱과 아래턱에 난 한 쌍의 이빨은 구부러진 칼날과 같아 사탕단풍나무처럼 단단한 나무에도 구멍을 뚫을 수 있으며, 나무를 잘라 넘어뜨리기에 알맞은 구조로 되어 있다.

비버는 북아메리카에 서식하는 설치류 중 몸집이 가장 크다. 암컷은 27kg 정도로 수컷보다 몸무게가 조금 더 나간다. 통통한 배에는 거대한 창자가 가득 들어 있고, 창자 속에는 식물과 함께 그것을 소화하는 세균이 잔뜩 들어 있다. 먹이가 부족할 때 비버는 섬유질이 많은 먹이에서 칼로리를 최대한 활용하기 위해 모든 것을 두 번 먹는데, 이것을 '식분'(coecotrophy, 食糞)이라고 한다. 반추 동물은 소화된 음식물을 게워내 다시 씹는 되새김질을 하지만, 비버는 항문을 통해 나온 젤라틴질의 죽 같은 물질을 다시 먹음으로써 먹이를 전체 소화관에 두 번 통과시키는 방법을 쓴다. 소화관을 두 번 통과한 비버의 똥은 순수한 톱밥과 아주 흡사하다.

만 세 살쯤 되면 새끼비버는 평생을 함께할 짝을 찾기 위해 집을 나선다. 새로운 세력권을 찾아나서는 이 시기가 포식동물에게 잡아먹힐(오늘날에는 자동차 사고를 당할) 위험이 가장 큰 때이다. 그렇지만 일단 살 곳을 마련하고 나면 아주 안전하게 살아갈 수 있다. 새로운 부부는 적절한 개울을 찾아 냄새 둔덕으로 세력권을 표시하고 강둑에 굴을 판다. 비버는 굴을 파는 동물이라 네 발에 튼튼한 발톱이 달려 있다.

그 밖에도 수중 건축 작업에 도움을 주는 특징을 많이 갖추고 있다. 코와 귀를 막는 살이 있고, 눈을 덮고 있는 얇은 막은 고글 역할을 하며, 앞니 뒤쪽에 축 처진 피부막은 물을 삼키지 않고 이빨로 나뭇가지를 끌고 갈 수 있게 해준다. 이런 적응력을 갖춘 비버는 수면보다 낮은 곳에 땅굴 입구를 만든다. 땅굴을 최고 수위선보다 더 높은 곳까지 오게 위쪽으로 경사지게 판 뒤, 폭 90cm 정도의 방을 만들고, 거기다가 나무조각과 풀을 깐다. 입구가 물속에 잠겨 있기 때문에 스라소니나 오소리가 침입할 염려가 없다. 여름철에 수위가 낮아질 때에도 입구가 물속에 잠겨 있도록 하려고 비버는 댐을 만든다.

개울이 너무 깊지 않고, 바닥의 진흙이 단단한 곳을 골라 처음에는 어린 나무를 베어 넘어뜨리고, 그 다음에는 큰 나무를 넘어뜨린다. 비버는 밤중에 작업하는데(때로는 각자 서로 다른 나무에서, 때로는 함께 같은 나무에서), 발로 나무를 감싸고 앉을 때 꼬리를 몸 아래에 의자처럼 깔고 앉거나 뒤쪽으로 뻗어 버팀대로 사용한다. 머리를 좌우로 기울이면서 나무를 물어뜯는

데, 노랗고 기다란 이빨을 쐐기처럼 나무에 박아 넣은 뒤 지레처럼 흔들면서 부서진 것을 끄집어낸다. 이런 식으로 나무 둥치에 구멍을 파 마침내 나무를 넘어뜨린다. 그러고 나서 나무를 적당한 길이로 자른 뒤 밀거나 끌면서 댐을 건설할 장소로 가져간다. 굵은 쪽 끝을 상류 쪽으로 향하게 하여 진흙과 돌로 고정시킨다. 댐이 점점 높아질수록 물의 흐름이 느려진다. 비버는 더 많은 나뭇가지를 엮어 넣고 모르타르를 더 쌓아올려 마침내 물길을 가로막는 장벽을 완성한다.

댐은 계속 관리해야 하는데, 비버는 매일 밤 위치가 이동한 막대와 기둥을 교체하고 진흙을 더 갖다 붙이면서 보수작업을 한다. 이런 식으로 세력권 전체에 댐들을 만든다. 그중에는 물의 흐름을 조절하기 위한 것도 있지만, 순전히 재미로 만드는 것처럼 보이는 것도 있다. 비버 가족은 일주일에 길이 10m짜리 댐 하나를 건설할 수 있다.

둑이 반듯하게 뻗어 있고, 유속이 일정한 수로가 나 있는 개울에서는 밑은 나무 기둥을 깔고 위는 흙을 덮어 튼튼한 제방 댐을 만든다. 물은 꼭대기 부분에 난 통로를 통해 흘러간다. 개울의 폭이 넓으면 댐을 물이 흐르는 방향으로 구부러지게 만들어 구조적 안정성을 높인다.

근처에 더 가져올 만한 어린 나무가 없고, 나뭇가지를 끌고 오기에 숲 가장자리가 너무 멀 경우에는 폭 60cm, 깊이 30cm 정도의 수로를 파 거기에 나뭇가지를 띄워서 운반한다. 수로의 길이가 100m를 넘는 경우도 있다. 강둑이 너무 가파르면 물이 있는 곳까지 경사로를 만든다. 길이가 120m 이상 되는 댐도 발견되었는데, 이것은 수세대에 걸쳐 만든 것으로 보인다. 또 19세기에는 석회로 덮여 돌처럼 변한 댐들에 대한 기록도 있는데, 이것은 비버들이 수백 년 동안 계속 댐을 보수하며 관리해 왔음을 말해준다.

비버는 아주 영리한 공학자이지만, 그 뇌는 창피할 정도로 작다. 잘 발달된 후각을 담당하는 부분을 제외하고는 둘둘 말려 있지도 않다. 체중에 대한 뇌의 비율은 포유류 중에서 가장 낮아서 포유류 평균의 3분의 1에 지나지 않는데, 이는 원시 유대류와 비슷하다. 사람이 비버만 하다면, 그 뇌는 비버의 뇌보다 무려 15배나 클 것이다. 비버의 뇌에는 회백질도 많지 않으며, 시력이 좋지 않다. 그럼에도 불구하고 비버의 건축 능력 중 상당 부분은 기나긴 어린 시절에 학습을 통해 생긴 것임을 뒷받침해 주는 증거가 많다〔밀스(Enos Mills)가 1913년에 쓴 『비버의 세계』에서 주장하고, 같은 시대의 박물학자 라이든(Hope Ryden)이 뉴욕 주에서 비버를 연구하면서 확인한 바처럼〕.

기묘하게도, 유럽비버는 생김새가 아메리카비버와 거의 똑같은데도 불구하고 댐 건설에는 흥미를 보이지 않는다. 대부분의 지역에서 유럽비버는 그저 강둑에 땅굴을 파고 살아갈 뿐이다. 소수의 비버만 살아남아 공원에서 명맥을 이어간 수백 년 동안에 유럽비버는 댐 건설에 필요한 세부 기술을 상실

아메리카비버는 거의 다 댐을 건설한다. 이렇게 비버가 댐을 건설하고 나면 댐 뒤에 물이 서서히 고이고 많은 곤충과 동식물들이 모여들어 생명이 풍부하게 넘치는 곳이 된다.

했을 가능성이 높다.

그렇지만 아메리카비버는 거의 다 댐을 건설한다. 이렇게 댐이 건설되고 나면 댐 뒤에는 물이 서서히 고여 땅을 뒤덮는다. 그러면 그곳에 많은 곤충과 동식물이 몰려오고 모든 높이와 구석과 틈에서 생명이 풍부하게 넘쳐나게 된다. 생태학적으로 습지는 대표적인 추이대(숲과 초원의 경계처럼 서로 다른 두 식물 군락 사이에서 나타나는 식생의 전이 지역)이다. 추이대에는 각 군락에 고유한 종들뿐만 아니라, 추이대에만 사는 종도 있다. 이웃한 2개의 군락이 이처럼 서로 영향을 주고받아 종들의 다양성과 밀도가 높아지는 것을 '주변효과'라고 하는데, 이 효과로 인해 습지는 생물이 살아가기에 풍요로운 생태계를 제공한다. 그리고 이 생태계에서 비버는 습지를 만드는 댐을 건설함으로써 수로와 마른 땅 사이의 경계를 넓힌다.

습지의 먹이그물은 촘촘하고, 생태적 위계도 다양하다. 저녁에는 개구리들이 시끄럽게 울어대면서 아메리카너구리가 유충과 곤충을 잡아먹기 위해 개울로 걸어온다고 경고한다. 왜가리는 개구리를 노리고, 이동하는 오리도 잠깐 휴식을 취하면서 요기를 하려고 하늘에서 내려온다. 초원종다리와 까치는 나무 그루터기 위에 내려앉아 휴식을 취하고, 사향뒤쥐와 밭쥐와 수달은 물가에 집을 만든다. 가끔 말코손바닥사슴이나 사슴이 물가에 난 풀을 뜯어먹으려고 물속으로 들어오면 작은 물고기들은 풀줄기 사이로 몸을 숨긴다.

고요한 물속에 곤충과 동물과 식물이 이렇게 풍부하게 서식하는 것은 먹이그물의 기반을 이루는 1차 생산자인 조류(藻類) 덕분이다. 습지의 물 한 찻숟가락 속에는 다양한 플랑크톤 군집을 이루는 수백만의 미생물이 우글거리고 있으며, 그와 함께 플랑크톤의 분비물, 배설물, 똥, 사체 그리고 주변의 땅에서 흘러들어온 부스러기도 섞여 있다. 플랑크톤에는 식물성 플랑크톤인 조류 외에 동물성 플랑크톤과 세균도 있는데, 이들은 각각 이 작은 생물계에서 식물과 동물과 청소부에 해당한다.

가장 작은 플랑크톤은 청소부 역할을 하는 세균으로, 독자적으로 자유롭게 떠다니거나 죽은 유기물질 덩어리 주위에 모여 군체를 이루어 산다. 이 세균들은 수생 균류(불완전 사상균류)와 함께 물속의 사체와 노폐물과 유기물 부스러기를 분해해 물을 깨끗하게 한다. 수생 균류는 약 300종이 확인되었는데, 대부분은 팔이 4개 달린 구조를 하고 있고, 일부는 구부러진 실 모양을 하고 있다. 균류와 세균은 사체를 먹어치우는 부생(腐生)생물이다.

이와는 대조적으로 조류는 햇빛과 물속의 무기 영양물질로 생식에 필요한 먹이를 만든다. 가장 큰 플랑크톤성 세균 군체가 구슬만 한 크기라면, 식물성 플랑크톤 군체는 구슬만 한 것에서부터 수박만 한 것까지 크기가 다양하며 코끼리만 한 것도 있다.

조류는 12개 이상의 문(門)으로 분류되는데, 모양도 아주 다양하다. 규조류는 살아 있는 물질이 들어 있는 작은 상자처럼 생겼다. 착편모조류는 거기에 편모가 2개 붙어 있는 모양이다. 일부 식물성 플랑크톤은 끝이 구부러진 바늘처럼 생겼으며, 가시와 돌출부가 있는 것들도 있다.

세균과 균류와 식물성 플랑크톤은 모두 불순물을 먹어치우면서 습지를 흐르는 물을 정화한다. 게다가 번식까지 한다! 식물성 플랑크톤과 세균은 단순히 분열하는 방법으로 번식하는데, 몇 시간 혹은 며칠 만에 한 번씩 분열한다. 햇빛이 잘 비치고 수온이 따뜻하면, 식물성 플랑크톤은 아주 활발히 분열해 잠깐 사이에 수조 개로 불어날 수 있다.

식물성 플랑크톤은 초원에 자라는 풀에, 동물성 플랑크톤(원생동물, 윤형동물, 작은 갑각류)은 그것을 뜯어 먹고 사는 짐승에 비유할 수 있다. 만약 식물성 플랑크톤이 수박만 하고 코끼리만 한 크기의 군체를 이루고 있다고 한다면, 가장 큰 동물성 플랑크톤 군체는 외양간만 할 것이다. 그렇다 해도 여전히 맨눈에는 보이지 않을 정도로 작은 이들 미생물은 단지 식욕과 그것을 충족시키기 위한 수단의 집합체에 지나지 않는다.

일부 동물성 플랑크톤은 물속에서 나아가면서 도중에 만나는 것은 모조리 목구멍 속으로 쓸어 넣는다. 팽이처럼 빙빙 돌면서 떠다니는 게 있는가 하면, 연못 바닥에 들러붙은 채 위에서 떨어지는 먹이를 받아 소화하는 것도 있다. 원생동물은 바닥 근처에서 물결 위의 물풍선처럼 둥둥 떠다니다가 조류 비슷한 게 보이면 닥치는 대로 집어삼킨다. 반면에 작은 갑각류인 물벼룩은 먹이를 골라내 그것을 향해 쏜살같이 다가간다. 아주 작은 이 동물들은 오로지 다음번 식사만 생각하면서(만약 생각을 한다고 표현할 수 있다면) 식물성 플랑크톤이나 서로를 게걸스럽게 먹어치운다. 한편 곤충과 새끼물고기는 이 작은 동물들을 맛있게 먹는다.

 습지에서 생명의 그물은 먹을 것을 구하는 모든 생물에게 먹이를 제공한다. 동물성 플랑크톤은 곤충에게 열두 가지 코스의 진수성찬이나 다름없다. 송장헤엄치개와 소금쟁이, 물벌레, 걸신들린 물방개, 교활한 장구애비, 물맴이, 장구벌레는 식물성 플랑크톤을 먹고 사는 작은 동물들을 잡아먹지만, 대신에 자신들은 어류와 양서류와 조류의 먹이가 된다.

 습지의 수중 세계는 물을 정화하는 일을 한다. 수많은 식물성 플랑크톤이 무기물을 이용해 먹이를 만들고 플랑크톤성 세균이 유기 오염물질을 먹어치우는 것뿐만 아니라, 침전을 통해서도 물이 깨끗해진다. 개울과 강에서 쏟아져 내려온 진흙탕 물이 고요한 습지로 흘러들면, 물속에 섞여 있던 실트가 수생식물 줄기에 들러붙어 바닥으로 가라앉는다. 습지는 물을 맑게 하고, 흙이 하류로 씻겨 내려가지 않게 함으로써 비옥한 초원이 생겨나게 한다. 한때 개울이 흘렀던 장소에는 유기물질이 두껍게 쌓인다.

비버가 배수지에서 댐과 연못을 만들면, 유역 전체에서 물의 순환에 영향을 미치게 된다. 습지는 폭풍우가 몰아칠 때에는 스펀지처럼 물을 흡수했다가 건조한 시기에는 그 물을 천천히 내보낸다. 비버 서식지의 댐과 연못 주위에 펼쳐진 습지는 수백만 리터의 물을 저장할 수 있다. 봄철에 눈이 녹은 물이 하천의 수위를 높이고 흙탕물로 변할 때에는 상당량의 물을 흡수함으로써 하류 지역의 홍수와 침식을 막는다. 또 여름에 폭풍우가 몰아칠 때에는 유연한 저수지 역할을 하면서 홍수를 막아준다.

유역에 내린 비가 갈 수 있는 길은 딱 네 가지밖에 없다. 증발해 바로 공기 중으로 들어가거나, 땅 위로 흘러가 개울물이 되어 흐르거나, 땅속으로 스며들어 식물에 흡수된 뒤 증산 작용을 통해 증발하거나, 지하수가 되는 것이다.

물이 개울을 이루어 흘러갈 때에는 격렬한 기세로 내려가면서 흙도 휩쓸어 간다. 물살이 빠른 개울에는 비교적 생물이 적은데, 대부분의 생물이 격류에 휩쓸려 떠내려가 버리기 때문이다. 몸이 납작한 일부 곤충과 유충은 돌 밑에 들러붙어 살고, 일부 물고기가 그것을 잡아먹고 산다.

그렇지만 비버가 댐을 만들어 개울이 연못으로 흘러들면, 물은 고요해지고 따뜻해져서 플랑크톤이 증가하고 먹이의 기반이 넓어진다. 비버의 댐 뒤편에 생긴 습지에 갇힌 물은 지하수로 스며들기 쉽기 때문에 지하수면이 높아져 유역 곳곳에

샘이 생겨나고 물이 불어난다. 비버 수억 마리가 사는 땅은 정말로 풍요로운 땅이었고, 비버 댐 근처에 있는 습지는 신세계의 물을 풍부하고 이슬처럼 맑게 했다.

≈

첫번째 댐을 짓고 나서 연못이 점점 커져가는 동안 개울가의 땅굴 속에서 겨울을 보낸 뒤 여름이 찾아오면, 비버 부부는 개울가 근처의 수련 잎으로 보금자리를 만든다. 가지들을 얼기설기 엮고 거기다가 진흙과 마른 잎을 발라 단을 만드는데, 단이 수면에서 몇 cm 위로 올라오면 그 위에다 진흙과 나뭇가지로 돔 모양의 지붕을 만든다. 보금자리는 방이 하나만 있는 것도 있고, 둘 이상 있는 것도 있다. 입구는 좁고 가파른데, 모든 보금자리는 입구가 최소한 2개(많게는 5개까지) 있다. 가장 간단한 집은 출입구용 구멍 하나와 먹이를 운반하는 구멍 하나만 있다. 그 안에 높이가 1.5m 이상 되는 방이 있기도 한 이 보금자리는 겨울이 오기 전에 진흙을 발라 완성한다.

새끼는 4월에 낳는데, 한 배에 1~6마리를 낳는다. 새끼는 태어나자마자 어둠 속을 응시하며, 2주일쯤 지나면 어미와 함께 헤엄을 치기 시작한다. 비버는 어린 시절을 행복하게 보낸다. 보금자리 가장자리에서 서로 냄새를 맡거나 밀치다가 물 속으로 떨어지기도 하고, 경주를 벌이고, 뒹굴고, 연못 속으로 뛰어들어 꼬리로 물을 치며 논다.

느긋하게 여름을 보낸 뒤, 가을이 오면 어른들과 두 살짜리 새끼들은 겨울에 대비해 식량을 모으는데, 더 어린 새끼들은 그 일에 방해가 된다. 비버는 함께 나무를 갉아 쓰러뜨리고 토막 낸 뒤, 어깨 위에 올리거나 팔 아래에 끼워 끌면서 연못으로 가져간다. 이렇게 모아온 나뭇가지들을 한곳에 쌓아 저장한다. 비버는 연못에 나무를 아주 많이 저장해 두는데, 이 과정에서 큰 나무의 그늘에 가려 살아남을 가능성이 없는 어린 나무들을 제거하면서 숲을 솎아낸다. 대부분의 동물은 겨울에는 홀쭉해지지만, 비버는 비교적 건강을 유지하며 추워지면 오히려 살이 찌기도 한다. 나무껍질 안쪽 부분과 수생식물의 뿌리와 덩이줄기를 실컷 먹고, 좁고 답답한 거처에서 즐겁게 먹이를 먹으며 모두 두 번씩 소화하기 때문이다.

새끼들은 부모와 함께 두 번의 겨울을 나기 때문에 한곳에 자리를 잡은 비버 가족은 부모와 새끼 그리고 그해에 태어난 새끼를 모두 합쳐 6~12마리로 이루어진다. 이들은 함께 살면서 나무를 베어 넘어뜨리고, 수로를 파고, 계곡 여기저기에 댐을 건설한다. 비버의 수명은 약 12년이며, 평생 동안 동료들과 협력하여 더 많은 댐과 연못과 보금자리를 만들기 때문에 계곡 전체에는 비버가 만든 작품이 여기저기 널리게 된다. 처음 만든 댐이 튼튼하게 자리를 잡으면, 이리저리 이동하는 실트와 뭉실뭉실 자라나는 밝은 색의 누운동의나물과 부레옥잠으로 가득 찬 습지 가운데를 이전의 개울 바닥이 리본처럼 지나간다. 나무들은 물에 잠긴 지 오래되었고, 나무 그루터기들이 물 위로 불쑥 고개를 내밀고 있으며, 습지 가장자리에는 버드나무의 새싹들이 무성하게 돋아난다. 시간이 지나면, 습지와 듬성듬성해진 삼림 지대에 초원이 생긴다.

그렇지만 비버의 댐은 눈에 확 띄는 깃발과 같다. 비버를 사냥하려면 약간의 인내심만 있으면 되는데, 인내심이라면 인디언의 장점 중 하나이다. 사냥은 비버의 털가죽 품질이 가장 좋은 계절인 겨울에 했는데, 대개 인디언이 맡았다. 그러나 일기를 기록한 사람은 모피상이었기 때문에 기록된 이야기가 전부 정확하다고는 할 수 없다. 어쨌든 초기의 기록들에 따르면 인디언은 말뚝으로 댐 상류의 개울을 막아 비버가 상류 쪽으로 달아나지 못하게 봉쇄했다. 그런 다음, 정으로 연못 가장자리를 따라가며 얼음을 두드리면서 그 소리로 땅굴 입구가 어디쯤 있는지 알아냈다. 강둑에서 입구를 발견하면 얼음에 구멍을 뚫어 보금자리를 파헤쳤다. 보금자리에서 뛰어나오는 비버는 몽둥이로 두들겨 잡았고, 강둑에 있는 땅굴 입구로 뛰어든 비버는 그곳에서 덫에 걸렸다. 그러고 나서 땅굴을 부수면서 들어가거나 갈고리로 땅굴 속에 있는 비버를 끌어냈다.

비버는 옛날부터 활과 화살을 사용해 잡기도 했고, '데드폴'(deadfall. 위에서 무거운 것을 떨어뜨려 동물을 잡는 덫)이라는 덫이나 올가미로 잡기도 했다. 올가미는 밧줄을 머리나 다리를 감을 수 있는 고리 모양으로 만든 것을 사용했다. 때로는 어린 나무를 아래로 구부려 거기다 올가미를 묶어놓고 방아쇠 장치를 달았다. 비버가 올가미에 머리나 다리를 집어넣으면, 버팀목이 풀리는 것과 동시에 나무가 위로 튀어 오르면서 비버를 홱 낚아채 올렸다. 데드폴은 미끼 위에 크고 무거운 물체(호박돌이나 통나무)를 올려놓아 만들었다. 미끼와 방아쇠에는 비버가 반드시 살피고 지나가는 카스토레움을 묻혀놓았다. 비버가 미끼를 건드리면 무거운 덫이 위에서 떨어지면서 비버를 납작하게 짓눌렀다.

근대적인 덫에 관한 언급은 1590년에 매스콜(Leonard Mascall)이 쓴 『낚싯바늘과 낚싯줄로 물고기 잡는 법…긴털족제비, 말똥가리, 쥐를 잡기 위한 여러 가지 기구와 덫에 관한 책』에 나온다. 17세기에 유럽 전역에 설치되었던 덫(오늘날 '강철덫'으로 알려진)은 "빗장이 아주 낮은 곳에 달려 있고, 걸쇠가 2개 달린 고리가 있고, 전체가 철로 만들어진 덫"이었다. 북아메리카에서 최초로 사용된 강철덫은 매스콜의 덫을 바탕으로 만든 것으로, 발판이 둥글거나 타원형이었다. 19세기에는 발판을 납작하게 만들고, 양쪽 끝에 꽉 무는 아가리가 달린 기둥을 설치하는 모양으로 설계가 바뀌었다.

강철덫은 비버 사냥을 쉽게 해주었다. 말뚝을 박아 개울물을 막고 땅굴을 파헤치는 대신에, 비버를 한 마리씩 익사시킬 수 있었기 때문이다. 덫은 19세기 초에 개당 12~16달러였고

무게는 2.5kg 정도였으며, 얽히는 걸 예방하도록 회전 이음쇠가 달린 1.5m짜리 체인으로 고정시켰다. 사냥꾼은 자신의 흔적을 가리기 위해 개울물을 거슬러 올라가 강둑 근처의 적당한 장소를 고른 뒤 수면에서 7~10cm 아래 되는 지점에 덫을 설치했다. 덫은 강바닥에 박아놓은 튼튼한 말뚝에 붙들어 맨 체인으로 고정했다. 덫 위에는 카스토레움을 묻힌 잔가지를 올려놓고 수면 위에서 까닥이게 해놓았다.

곁을 지나가는 비버는 어김없이 카스토레움 냄새를 맡으려고 헤엄을 쳐 다가오다가 방아쇠를 발로 건드려 반원형 아가리를 꽉 닫히게 한다. 비버는 몸을 숨기려고 물속으로 잠수하지만, 체인 때문에 행동에 제약을 받는다. 덫에 발만 물렸을 경우에는 발을 물어 끊어낸 뒤 달아날 수 있다. 다리 위쪽이 덫에 걸렸을 경우에는 체인을 물어 끊으려고 시도하지만, 대개 그러한 시도는 무위로 돌아가고 비버는 익사하고 만다. 설사 비버가 필사적인 노력 끝에 강바닥에서 빠져나온다 하더라도 덫과 체인과 말뚝의 무게를 못 이기고 결국 탈진하여 익사한다.

 덫이 하나 설치될 때마다, 모자가 하나 만들어질 때마다 비버도 그만큼씩 사라졌다. 그렇게 미국 전체에서 수천만 마리가 사라졌다. 비버가 사라지자 비버들이 만들어놓은 댐들이 서서히 무너졌고, 유역 전체에 만들어졌던 연못들과 저수지들에서 물이 흘러나가기 시작했다. 모든 유역에서 습지가 사라졌다. 전에는 천천히 대수층으로 스며들던 물이 이제는 금방 바다로 흘러가버렸다. 각 유역에서 솟아오르던 샘과 불어난 물 중 일부에서는 수량이 크게 줄어들었고, 일부는 완전히 사라져버렸다. 댐이 사라진 땅에서는 지하수면이 크게 낮아졌다. 미국의 국경이 서부로 뻗어가는 것과 같은 속도로 습지가 사라져갔다.

수량만 줄어든 게 아니라 수질도 나빠졌다. 비버가 풍부하게 살던 땅에서는 고요한 연못과 습지에 침전물이 쌓이면서 물이 깨끗해졌고, 영양 물질이 퇴적되어 생태계를 안정시켰다. 시간이 지나면서 퇴적물은 표토층이 되어 기름진 저지대 계곡을 만들었다. 물의 흐름을 늦추고 침전물을 가라앉게 해주는 댐과 습지가 사라지자, 강물에는 실트가 가득 섞이게 되었다.

습지가 사라지자 폭우와 눈 녹은 물이 아무 방해를 받지 않고 흘러내려갔고, 폭우나 봄철 홍수가 일어날 경우 하천의 수위가 이전보다 두세 배나 높아졌다. 빠른 물살은 흙을 더 많이 휩쓸어갔고, 흙탕물은 조류에게 공급되는 햇빛을 차단했다. 고요하고 따뜻한 연못이 사라지자 플랑크톤의 수가 줄어들었고, 작은 물고기와 곤충도 먹이를 구하기가 힘들어졌다. 이 맛있는 작은 먹이들이 줄어들자, 습지에서 배불리 만찬을 즐기던 새들과 짐승들도 굶주리게 되었다.

비버 연못이 사라져가자 미국오리, 목도리댕기흰죽지, 흰뺨

오리, 관머리비오리가 번식을 위해 모여들 장소도 줄어들었다. 댐과 늘 일정 수위를 유지하던 연못이 사라지자, 사향뒤쥐와 수달은 집이 물에 잠기거나 살던 곳에서 쫓겨나게 되었다. 비버가 사라지자, 연못 근처에서 개구리와 뱀과 물고기를 잡아먹는 걸 좋아하는 밍크와 아메리카너구리도 먹을 것이 크게 줄어들었다. 덤불이나 쓰러진 통나무 사이에 숨어 안전하게 풀을 뜯어 먹던 토끼도 그 수가 크게 줄어들었고, 붉은여우도 먹이를 찾기가 힘들어졌다. 비버가 살던 곳 근처에서 풀을 뜯고 연못의 차가운 물속으로 걸어 들어가곤 하던 말코손바닥사슴과 사슴도 서식지를 잃게 되었다.

하늘과 땅과 물에서 살아가는 많은 동물에게 소중한 서식지였던 습지를 만들던 비버가 사라지자 넓은 면적의 땅에서 생식력이 크게 감소했다.

〰

지금은 일부 지역에 비버가 다시 돌아왔지만, 그 개체수는 옛날과는 비교가 되지 않는 수준이다. 지금은 황량한 방목지로 변한 서부 지역에 옛날에는 생기가 넘치는 습지가 널려 있었다는 사실을 사람들은 기억하지 못한다. 알래스카와 하와이를 제외하고 한 덩어리로 붙어 있는 미국의 육지(이하 '미국 본토'라 칭함) 면적은 약 758만 km^2이다.

유럽인이 도착한 후 미국의 비버 개체수는 약 2억 마리에서 1000만 마리로 줄어들었다. 이러한 개체수 감소와 비버 댐의 감소는 물의 순환에 생긴 큰 변화의 첫번째 원인이 되었다. 콜럼버스 이전의 비버들이 한 마리당 습지를 단 1에이커만 만들었다고 가정한다면, 30만 평방마일(전체 육지 면적의 약 10분의 1) 이상의 땅이 한때 비버가 만든 습지였다는 계산이 나온다. 그런데 지금은 그 습지들이 사라지고 없다. 습지와 물이 사라지자 생명의 강도 크게 줄어들었다. 비버의 죽음과 함께 이 땅의 원시적인 풍요로움은 사라지고 말았다.

3

수로의 콩팥, 숲

비버와 비버가 만든 댐은 아메리카 대륙에서 자연적인 물의 순환에 영향을 미치는 가장 큰 요소였다. 그러나 유럽인의 정착이 본격적으로 시작되자마자 숲은 심각한 공격을 받게 되었다. 물론 인간의 욕심이 중요한 요인이었지만, 초기에 아메리카의 숲이 파괴된 데에는 문화적 요인이 더 큰 비중을 차지했다.

인디언은 넓은 숲의 생존이 자신들의 생존과 긴밀하게 연관돼 있다고 믿었다. 비록 유럽인 정착민도 정기적으로 덤불을 태우긴 했지만(이 관행은 결국은 인디언뿐만 아니라 숲에도 도움이 되는 것으로 밝혀졌다), 그들은 울창한 숲을 이질적인 환경으로 간주하는 유럽 중심적 견해를 갖고 있었다. 황야는 신비하고 두려운 장소로, 숲이 울창한 지역은 빛이 바닥에 닿지 않으므로 건강에 좋지 않은 장소로 여겼다. 또 숲에 사는 인디언을 "짐승으로 변한 사람" 또는 "사탄의 노예"로 여겼다.

영국 박물학자 조슬린(John Josselyn)은 1672년에 코네티컷 주의 한 산에서 북쪽을 바라본 풍경을 "무한히 울창한 숲으로 덮여 있는 경치는 오싹할 정도로 공포스럽다"라고 묘사했다. 나무들은 빽빽하게 서 있는 그 상태로는 아무 도움이 되지 않는 것처럼 보였다. 나무를 다 베어내고 땅을 갈아엎어 농작물을 심으면 훨씬 보기가 좋을 것 같았다. 그러면 목재도 유용하게 활용할 수 있었다.

숲이 자연적인 물의 순환에 꼭 필요한 부분이라는 사실은 인디언도 유럽인도 알지 못했다. 그 사실은 버몬트 주의 작은 도시에서 변호사로 일하던 마시(George P. Marsh)가 1864년에 출판한 『인간과 자연』에서 처음 지적했다. 상당히 깊이 있는 내용을 담고 있지만 쉽게 읽히는 이 책에서 마시는 물과 땅과 숲이 서로 어떻게 협력하는지 파고들었다.

12개국어에 달하는 참고문헌들을 인용하면서(마시는 20개국어를 구사했다) 자연계와 인간이 땅에 미치는 영향을 다룬 이 책은 국제적인 고전이 되었다. 마시는 서구 세계 각지에서 수집한 사례들을 인용하면서 숲이 지역 기후와 물의 순환을 변화시키며, 침식을 막는다는 사실을 보여주었다. 숲과 유역에 대한 그의 분석은 오늘날 기본적으로 옳은 것으로 평가받는다.

마시는 삼림 벌채는 모든 것을 변화시킨다고 말했다. "나무가 울창하게 들어선 습기 찬 언덕은 말라붙은 암석 산등성이로 변해 저지대를 가로막고, 암석 파편으로 수로를 막으며… 땅 전체는 인간의 기술로 일어나는 물리적 침식으로부터 보호하지 않는 한, 민둥산이나 풀도 자라지 않는 황량한 언덕, 늪지가 여기저기 널려 말라리아가 창궐하는 평지로 변할 것이다."

물론 실제 변화는 이것보다는 덜 극적이었지만, 그래도 거의 비슷했다. 숲이 우거진 유역은 나무가 없는 유역보다 물을 훨씬 많이 흡수하고, 나무가 토양을 보호하는 곳에서는 실트가 수로로 덜 씻겨 내려간다. 숲이 없으면 하천은 유기물질을 덜 실어 나르는 반면, 실트를 더 많이 실어 나른다. 실트는 물을 흐리게 만들어 광합성을 방해하고, 많은 물고기 새끼들이 자라는 자갈 바닥으로 침투한다.

강가에 나무가 없으면 유기물질이 수로로 덜 흘러가고, 하천의 생태계에 공급되는 먹이가 줄어든다. 고요한 연못 위를 걸어다니는 소금쟁이도 보기 힘들어지고 소금쟁이를 잡아먹는 가재도, 왜가리의 먹이도 줄어들어 하천은 생명의 풍부함을 잃게 된다.

미국 본토 중 약 절반은 한때 오래된 숲으로 뒤덮여 있었고, 그 원시림 중 대부분은 동쪽 3분의 1 지역에 자라고 있었던 것으로 추정된다. 오래된 숲에서 볼 수 있는 특징은 여기저기 넘어져 있는 통나무, 그루터기, 여러 층으로 이루어진 우듬지, 어린 나무에서부터 아주 늙은 나무에 이르기까지 다양한 연령의 나무들이다. 그렇지만 신세계의 원시림은 나무들이 마구 뒤엉켜 있는 음침한 장소하고는 거리가 멀었다. 비버들이 오랜 시간에 걸쳐 숲을 초원과 삼림지대가 바둑판 모양으로 펼쳐져 있는 풍경으로 만들었고, 인디언은 먼 옛날부터 제한적으로 숲을 태움으로써 자연을 관리해 왔다.

　북아메리카에서는 숲의 역사에서 불이 하나의 중요한 사건이었다. 인디언은 농사지을 땅을 얻기 위해 마을 주변의 넓은 땅을 태웠는데, 그럼으로써 사냥감 동물들이 먹을 수 있는 장과와 새싹의 생장을 자극했다. 더 중요하게는 토양에 영양분을 공급했다. 덤불을 태워서 생긴 재는 토양의 산성도를 완화하고, 영양 물질이 토양으로 재순환되는 속도를 높인다. 불을 질러 경작을 하면 생산성이 높아진다는 사실은 수천 년 동안의 경험을 통해 분명히 입증되었으며, 나무를 태운 재는 화전농업에 중요한 비료가 된다. (다만 화전농업은 넓은 땅이 있고 인구밀도가 낮아야 효과가 있다. 화전은 3~4년이 지나면 지력이 고갈되므로 계속 다른 곳으로 옮겨가며 농사를 지어야 하기 때문이다.)

　주기적으로 숲을 불태우는 것은 풀과 관목 등 나무를 제외한 식물의 생장을 자극하며, 딸기와 블랙베리, 나무딸기 등 채취 가능한 식물이 잘 자랄 수 있는 환경을 제공한다. 거름을 제공하는 큰 가축이 없던 인디언에게는 숲을 불태우는 것이 토양에 영양 물질을 공급하는 실용적인 방법이었다.

인디언은 곡류는 매년, 베어그래스와 견과는 3년마다 한 번씩, 덤불은 7~10년마다 한 번씩, 큰 목재는 15~30년마다(혹은 그것보다 조금 더 긴 시간에) 한 번씩 불태웠다. 토양에 영양분을 공급하고 나무가 침범하지 못하도록 하기 위해 불을 태워 개간한 농경지에 정기적으로 계속 불을 질렀다.

불은 대부분의 어린 나무와 관목을 없애고 우듬지를 듬성하게 함으로써 탁 트인 공원 같은 숲을 만들어냈다. 나무 중에는 불에 강한 종도 있지만, 불에 닿자마자 죽거나 생장에 지장을 받는 종도 많기 때문에 불이 지나가고 나면 저항력이 강한 종만 살아남게 된다. 그 결과 적응력이 가장 뛰어난 종들이 살아남았는데, 때로는 한 종만 살아남는 경우도 있었다.

1632년에 매사추세츠를 방문한 한 대지주는 이렇게 기록했다. "야만인은 발을 들여놓는 모든 곳에 불을 지르는 관습이 있는데, 1년에 두 번, 그러니까 봄과 가을에 불을 지른다. 우리의 〔영국〕 공원처럼 나무들이 여기저기에 자라면서 시골 풍경을 아주 아름답게 만든다."

매사추세츠 만 개척지 초대 총독의 장남은 1668년에 뉴잉글랜드 지방에는 대개 키가 30m, 줄기 지름이 1.8m, 가지와 잎이 수평 방향으로 45m 이상 뻗어 있는 "나이가 많은(수령이 400년쯤 된) 거대한 오크들만 약간" 서 있을 뿐이라고 기록했다. 그러나 1821년에 출간된 숲에 관한 교재에는 오래된 서양

거름을 제공하는 큰 가축이 없던 아메리카에서 숲을 불태우는 것은 토양에 영양물질을 공급하는 실용적인 방법이었다.

물푸레나무, 자작나무, 소나무, 단풍나무 숲을 그린 그림이 들어 있다.

인디언이 정기적으로 지르는 불은 초원과 숲 사이의 주변지역을 넓히고, 탁 트인 장소에서 단일종의 나무가 자라게 하는 데 도움을 주었다. 다양한 성격의 서식지가 여기저기 생겨남으로써 숲의 종류가 다양해졌고, 많은 야생 생물에게 이상적인 환경을 제공했다. 숲 주변 지역에는 숲이나 초원만 있을 때보다 훨씬 많은 식물이 자라기 때문에 초식동물의 먹이 공급량이 전체적으로 늘어나 말코손바닥사슴, 사슴, 토끼, 호저, 칠면조, 메추라기, 목도리뇌조의 수가 늘어났다. 초식동물의 개체수가 늘어나자 스라소니, 여우, 늑대 같은 포식동물의 수도 늘어났다.

인디언은 정기적으로 숲을 불태움으로써 이용 가능한 자원을 극대화했을 뿐만 아니라, 계절에 따라 이동함으로써 그러한 자원을 이용할 수 있는 방법도 극대화했다. 유럽인 탐험가들은 강에 물통을 넣기만 하면 물고기가 잡히고, 날아다니는 오리를 몽둥이로 때려잡을 수 있으며, 초원에 포도와 딸기가 널려 있는 땅이 있다고 썼다. 이런 표현은 물론 문학적 과장이 곁들여진 것이겠지만, 전혀 근거 없는 이야기는 아니었다.

산란기에는 물고기를 손쉽게 잡을 수 있었고, 6월에는 딸기가 지천에 널려 있었으며, 가을에는 머리 위로 엄청난 수의 오리 떼가 날아갔다. 인디언은 봄에는 농작물을 심고, 산란을 위해 강으로 돌아오는 물고기를 잡았다.

여름에는 숲으로 이동하여 다람쥐, 칠면조, 장과를 비롯해 숲 속에서 풍부한 식량을 얻을 수 있었다. 여름이 끝나갈 무렵에는 마을로 돌아와 익어가는 농작물을 보호하고, 숲 바닥에 떨어진 견과를 줍고, 연례 사냥에 나설 준비를 했다. 가을까지 수확이 이어지는 이 시기는 풍요와 축제의 계절이었다. 그러나 겨울이 끝나갈 때쯤에는 식량이 바닥날 때가 많았고, 사람들은 마침내 추위가 물러가고 물고기가 산란을 위해 강을 거슬러 올라올 때까지 마지막 몇 주일 동안은 굶주림을 참고 견뎌야 했다.

그렇지만 유럽인 정착민은 다른 생활방식을 염두에 두고 있었다. 옥수수 재배법을 배우자마자(처음에 그들은 버지니아의 기후를 지중해 기후와 비슷한 것으로 오해하고 호밀과 보리, 밀, 귀리와 함께 올리브와 레몬을 심었는데, 그 바람에 모두 굶어 죽을 뻔했다.) 영구 정착촌을 건설하고, 밭을 개간하고, 돼지와 소를 숲과 습지에 풀어놓고 방목했다.

가축화되기 이전에 숲에서 살았던 돼지는 황야에 풀어놓자 급속도로 번식해갔다. 얼마 지나지 않아 돼지는 '돈이 되는 가축'으로 간주되었고, 찔끔찔끔 몰려오던 정착민이 강물처럼 불어났다. 1620년 당시 대서양 연안에 살던 유럽인은 2500명 미만이었고, 인디언은 약 15만 명이었다. 그러던 것이 1650년에는 유럽인이 5만 명으로 불어난 반면, 인디언의 인구는 질병 때문에 크게 줄어들었다. 유럽인의 이주 물결은 그칠 줄 몰랐고, 1700년에는 정착민의 수가 약 25만 명으로 늘어났고, 1750년에는 100만 명을 넘어섰으며, 1790년에는 약 400만 명에 이르렀다.

유럽인의 수가 늘어나는 것과 함께 숲을 돌아다니며 닥치는 대로 먹어치우는 돼지의 수도 늘어나 인디언에게 식량과 의복의 원천인 동물을 공급해 주던 생태계를 변화시켰다. 정착민들이 동물을 사냥하면서 개척지 근처의 땅에서 사냥감이 줄어들었고, 풀밭이 불어나는 것과 반비례하여 숲이 사라져갔다. 그 결과 동식물 군집은 단순해져 버렸다.

나라간세트족의 추장은 영국인이 자기 부족의 마을 근처에 정착하기 시작하고 나서 몇 년 후인 1642년에 다가올 미래를 정확하게 예견했다. "우리 조상들에게는 사슴과 가죽이 풍족했고, 평원과 숲에는 사슴과 칠면조가 가득했으며, 하구에는 물고기와 가금이 넘쳤다. 그러나 이 영국인들은 우리의 땅을 차지하고, 낫으로 풀을 베어 없애고, 그들의 돼지는 조개가 살고 있는 우리의 강둑을 망치고 있으니, 우리는 장차 모두 굶주리게 될 것이다." 정말로 인디언은 굶주리게 되었다. 반면에 유럽인 정착민은 번영을 누렸다.

신세계에서 아메리카 인디언을 밀어내고 영국인이 지배적인 집단이 되자, 화전농업과 수렵 채취 생활에 의존하던 생활 방식도 영구 정착하여 농사를 짓는 방식으로 바뀌었다. 정착민은 울타리를 둘러친 목장과 농경지에서 농작물과 가축을 길렀다. 인디언은 처녀림을 관리하면서 거기서 나는 자원에 의존해 살아갔으나, 정착민은 숲을 없애려고 했다.

개척지 건설과 삼림 파괴는 나란히 진행되었다. 집, 외양간, 울타리, 통, 마차, 배는 모두 나무로 만들었고, 사용 가능한 연료도 거의 다 나무에서 얻었는데, 갈수록 그 수요가 늘어났다. 100년 남짓한 기간에 동부의 숲들은 유럽인 정착민의 도끼와 제재소에 의해 베어나갔고, 매사추세츠 주와 버지니아 주의 상당 지역에서 자연 풍경은 농경지와 외양간과 판자집이 질서정연하게 늘어선 것으로 바뀌었다.

뉴잉글랜드 지방의 정착민들은 농사를 위해서만 삼림을 벌채한 것이 아니었다. 목재와 연료를 얻기 위한 목적으로도 대량의 나무를 베어냈다. 구세계에는 17세기 중엽에 이르자 이용 가능한 숲이 거의 모두 사라졌기 때문에 영국은 식민지에서 발견한 목재 자원에 기뻐했다. 그렇지만 무거운 목재를 배에 싣고 5000km나 떨어진 대서양 건너편으로 운송하는 비용이 만만치 않았다. 북아메리카에서 목재 1톤을 배로 운송하는 데 드는 비용은 8~10파운드가 들었는데, 발트해 연안 숲에서 운송하는 데에는 9~12실링밖에 들지 않았다. 목재 산업으로 수익을 얻으려면 뉴잉글랜드 지방에서 가까운 시장이 필요했다.

그들은 바베이도스에서 그러한 시장을 찾았다. 바베이도스에서는 영국인 농장주들이 사탕수수 농장을 만들기 위해 노예들을 시켜 삼림을 완전히 벌채해 버렸기 때문이다. 뉴잉글랜드 지방 정착민은 사탕수수 농장주들에게 필요한 목재를 전량 공급했다. 서인도 제도가 계속 번영을 누리는 한 목재 시장은 계속 팽창했다. 미국 독립 전쟁이 일어날 무렵, 그러니까 유럽인이 아메리카에 도착한 지 채 300년이 지나기도 전에 동아메리카는 많은 인디언 부족이 수확을 거두던 최상의 숲 지역에서 매년 수백만 보드피트(면적이 1평방피트이고 두께가 1인치인 널빤지의 부피. 각재의 측정 단위로 쓰임)의 목재를 수출하는 농경사회로 변해 있었다.

※

1789~1850년 미국 본토의 육지 면적은 84만 7000평방마일에서 297만 5000평방마일로 크게 늘어났다. 그중 79%는 원래 연방정부의 소유였다. 19세기에 정부는 개발을 위해 정부 소유의 땅을 각 주와 정착민에게 양도하는 정책을 실행에 옮겼다. 그 결과 1900년이 되자 전체 국유지 중 3분의 2(미국 전체의 육지 면적 중 절반 이상에 이르는)가 매각되거나 공여되었다.

1810년의 인구조사 서문은 삼림 지역의 미개지에 대한 연방정부의 태도를 잘 보여준다. "우리나라의 숲들은 바다에서 100~200마일 거리에 있는 비옥한 토양을 가로막으면서 그 개발을 방해한다." 그리고 인구조사 보고서를 쓴 저자들은 땅에 부담을 주는 나무를 제거하기 위해 다음과 같이 제안했다. "숯을 많이 소비하는 제철소를 세우고, 단풍나무로는 설탕과 캐비닛을 만들고, 호두나무와 산벚나무로는 가구와 개머리판을 만들고, 일반적인 목재로는 수산화칼륨과 진주회(탄산칼륨)를 만들고, 오크나무로는 통을 만들고, 이외의 다른 나무들은 널빤지와 장선(마루 밑을 일정한 간격으로 가로로 대어 마루청을 받치는 데 쓰이는 나무), 각재, 지붕널, 숯, 연료를 만드는 데 쓴다."

1815년 이후 미시시피 강 유역과 애팔래치아 산맥 사이에 있는 광대한 숲이 매각되어 벌채가 시작되었으며, 대부분의 땅은 농경지로 변했다. 예를 들면, 오하이오 주는 4만~5만 명의 개척자가 정착한 1800년만 해도 거의 전역이 숲이었다. 그러나 80년 후에는 300만 명 이상의 농민이 살았고, 전체 숲 중 75%가 사라졌다. 인디애나 주의 목재 산업은 1830년대부터 시작되었는데, 오크나무와 호두나무가 주종이었다. 테네시 주의 멤피스는 제재소가 50개 이상 들어서면서 미국 목재 산업의 중심지로 떠올랐다.

19세기에 미국 인구는 23년마다 두 배씩 증가했다. 사람들은 점점 더 서쪽으로 이주했고, 목재 수요가 폭발적으로 늘어났다. 대부분의 미국인이 사용할 수 있는 유일한 난방시설은 벽난로였는데, 그 효율은 놀라울 정도로 낮았다. 가구당 30~40코드(cord. 장작의 평수 단위로 128입방피트, 즉 $3.246m^3$에 해당)의 장작을 사용했으니, 각 가정은 1년에 약 40일은 장작을 패느라 보낸 셈이다. 1870년경에 벽난로, 스토브, 용광로, 증기선, 열차에 연료로 소비된 장작은 약 500억 코드에 이르렀는데, 이것은 20만 평방마일의 숲이 사라진 것에 해당한다. 집과 외양간, 다리, 마차, 철도 가대와 침목, 배, 통, 울타리, 가구, 그릇, 보도를 만드는 데 추가로 2만 5000평방마일의 숲이 사라졌다.

숲의 나무들은 농업을 위해서도 계속 잘려나갔다. 산업혁명 초기에 목화가 담배를 밀어내고 주요 환금작물이 되었다. 1820년 무렵에 미국은 세계 최대의 목화 생산국이 되었다. 담배 재배와 마찬가지로 지속적인 목화 재배 역시 땅의 지력을 고갈시켰기 때문에 농부들은 새로운 땅을 찾아 계속 이동해야 했다. 19세기 중엽에 목화 경작 경계선은 동부 해안에 위치한 버지니아 주, 노스캐롤라이나 주, 사우스캐롤라이나 주, 조지아 주에서 점점 서쪽으로 이동하여 앨라배마 주, 미시시피 주, 루이지애나 주, 텍사스 주로 옮겨갔다. 1850년~60년의 10년 동안에만 미국 농민은 3만 1250평방마일의 삼림지를 개간했다.

18세기에 뉴욕과 보스턴, 필라델피아의 자본가들은 메인 주의 벌목권을 에이커당 12.5센트에 사들여 벌목 작업을 최대한 빨리 진행했다. 메인 주의 목재가 무한정한 것이 아니라는 사실이 입증되기까지는 100여 년이 걸렸는데, 1830년대가 되자 제재업자들은 새로운 숲을 찾아나서야 했다. 1825년에 완공된 이리 운하는 곧 벌목꾼을 수천 명씩 서쪽으로 실어날랐고, 수백만 보드피트의 목재를 동쪽으로 운반했다. 운하의 동쪽 끝 지점에 위치한 올버니는 세상에서 가장 분주한 목재 시장으로 떠올랐고, 그 지위를 40여 년간 유지했다.

벌목 작업의 변경은 뉴욕 주와 펜실베이니아 주를 지나 뻗어나가다가 오대호 근처의 광대한 스트로브잣나무 숲에서 멈추었다. 1836년에 미시간 주의 세인트클레어 강가에 있는 한 삼림지가 메인 주의 목재상에게 매각되자, 목재상과 제재업자들이 하나둘 이곳으로 몰려왔다. 오대호 지역의 삼림지는 국유지의 표준 매각 가격인 에이커당 1.25달러에 팔렸다. 오대호 인접 주들(미시간, 미네소타, 위스콘신)에서는 벌목과 목재 산업이 호황을 누렸고, 목재상들은 큰돈을 벌었다. 불법 벌목꾼들도 돈을 벌었다.

오대호 인접 주들에서는 특히 사욕을 채우기 위해 국유지의 나무들을 벌목하는 일이 보편적으로 일어났다. 그러나 이 광대한 숲의 목재 생산량이 최대에 이르기 전에 이미 이곳 숲 역시 결국은 바닥나고 말 것이라는 사실은 너무나도 명백했다. 1840년대에 목재 수요는 폭발하는 미국 인구만큼이나 크게 증가하고 있었다. 그래서 벌목꾼들은 점점 더 서쪽으로 나아갔다.

서부 숲에서 자라고 있던 웅장한 나무들에 비하면 동부와 오대호 지역에서 자라는 나무들은 난쟁이나 다름없었다. 동부 지역에서 제일 키가 큰 스트로브잣나무는 평균 키가 30m이고, 60m 이상 자라는 경우는 드물다. 그런데 웨스턴헴록(솔송나무의 일종)은 평균 키가 45m이고 75m 이상까지 자라는 것도 있으며, 미국삼나무와 미송은 평균 키가 60m이고 90m 이상 자라는 것도 있다(알려진 침엽수 중에서 가장 키가 큰 것은 미송으로, 115m나 되었다). 연안 지역에서 자라는 미국삼나무는 오리건 주의 경계에서부터 남쪽으로 몬터레이 만까지 안개로 뒤덮인 해안선을 따라 폭 800km 이내의 지역에서 자랐다. 나이가 2000살을 넘은 나무도 흔했는데, 큰 미국삼나무는 키가 100m에 이르렀으며 밑동 근처의 지름이 4.5m나 되었다. 1852년에 벌목꾼들은 빅트리 또는 시에라레드우드라고도 하는 미국삼나무, 자이언트세쿼이아를 처음 보고 흥분을 감추지 못했다. 자이언트세쿼이아는 지름이 보통 4.5~6m였으며, 아주 거대한 것은 12m나 되었다.

상업적인 벌목꾼에게 미국삼나무와 자이언트세쿼이아는 노다지나 다름없었다. 목재는 풍화와 부패에 강하고, 지붕널과 가옥용 판재, 철도 침목 재료로 더할 나위 없이 좋았다. 시에라네바다 산맥의 숲은 나무가 그렇게 많지도 않았지만, 벌목꾼들은 거침없이 베어냈다.

미국삼나무는 윤기 있는 바늘잎으로 안개를 붙잡아 상당량의 물을 아래로 떨어뜨리기 때문에 그 밑에 둔 측우기에 기록된 강수량은 연간 1000~1750mm에 이르는 반면, 나무들을

키가 100m에 이르렀고, 밑동 근처의 지름이 4.5m나 되었던 미국삼나무는 한때 태평양 연안 지역 800km를 뒤덮었지만 1800년대 후반에 이르자 무분별한 벌목으로 멸종 위기종이 되고 말았다.

베어낸 장소에서는 500~625mm밖에 되지 않는다. 미국삼나무 묘목이 잘 자라려면 습기가 많은 이 미기후(微氣候)가 필요하다. 숲을 벌채하면 묘목은 말라 죽고 만다. 1890년에 숲의 전면적인 파괴에 제동을 거는 조치를 취했지만, 자이언트세쿼이아는 이미 멸종 위기종이 되어 있었다. 결국 캐나다의 브리티시컬럼비아 주에서 미국의 뉴멕시코 주까지 뻗어 있는 미송(평균 지름이 2.4m인)이 최대 목재 공급원이 되었다.

태평양 연안 지역에서 최초의 상업적 벌목은 1827년에 북서부 지역에서 시작되었고, 1840년대 중엽에는 북서부 지역의 곧고 튼튼한 목재가 남아메리카에서부터 오스트레일리아와 중국에 이르기까지 태평양 연안 국가의 수요를 채웠다.

가문비나무는 무게당으로 따질 때 세상에서 가장 튼튼한 목재이다. 최고 품질의 사닥다리는 싯카가문비나무로 만들며, 1차 세계대전 때에는 전투기도 이 목재로 만들었다.

우아하고 생강 냄새가 나는 황금편백(측백나무의 일종)은 상업적 규모로는 오리건 주 연안의 좁은 지역에만 자라고 있었는데, 표면마감(목재의 수명을 연장하고 미려함을 얻기 위해 페인트나 왁스 등으로 표면을 처리하는 것)을 하기에 좋아 동양에서 관으로 많이 쓰였다. 그래서 박물학자 피티(Donald Peattie)는 1950년에 황금편백은 오리건 주보다는 중국의 땅속에 더 많이 있을 것이라고 말했다.

웨스턴헴록은 제지 산업에 쓰이는 목재 펄프의 주 공급원이 되었다. 튼튼하고 결이 곱지만 질감이 거친 폰데로사소나무는 거의 모든 용도에 쓸 수 있었고, 세로로 곧은 나뭇결이 나 있고 단단한 미송은 오크나무보다 못이나 나사, 볼트가 더 단단하게 박혔기 때문에 집이나 배를 만드는 사람들이 선호했다.

가볍고 내구력이 좋은 사탕소나무는 날씨 변화에도 수축하거나 팽창하지 않아 지붕널이나 문, 창틀의 재료로 좋았다. 또 달콤한 수액이 마르고 나면 더 이상 맛이나 냄새가 나지 않았기 때문에 과일이나 채소 상자를 만들거나 차, 설탕, 양념류 따위를 포장하는 데 적격이었다.

서해안 지역에서 벌목 산업은 내수 시장이 충분히 발달하기 전까지는 수출 산업에 머물러 있었다. 1847년 당시 서해안 지역에 거주하는 비원주민 인구는 캐나다 국경 북쪽에 있던 영국인 정착촌과 벌목꾼 공동체 그리고 캘리포니아 주 연안에 있던 멕시코 마을과 소수 민족 거주지를 다 합쳐도 겨우 2만 5000명에 불과했다. 그 동쪽에는 미주리 주까지 텅 빈 황야가 3000여 km나 뻗어 있었다.

그런데 1848년 초에 캘리포니아 주에서 금이 발견되면서 미국 역사상 최대 규모의 이주 물결이 일어났다. 새로운 정착민들이 집과 마을을 짓느라 수십억 보드피트의 나무가 잘려나갔고, 1893년에 대륙을 가로지르는 5개 노선의 철도 건설에 또다시 수십억 보드피트의 목재가 들어갔다. 또 칠레, 페루, 중국의 철도 건설을 위해, 오스트레일리아의 금광과 남아프리카공화국의 다이아몬드 광산의 갱도를 지탱하기 위해 그리고 유럽 각국의 해군 함정과 상선을 건조하기 위해 수십억 보드피트의 목재가 수출되었다.

≈

정착민들이 미국의 삼림지 면적을 크게 바꾸어놓는 데는 겨우 100년밖에 걸리지 않았다. 약 400만 명이 동부 해안 지역에 모여 살던 1790년 당시 미국의 숲 면적은 약 100만 평방마일이었다. 그러던 것이 정착촌이 서쪽으로 뻗어나가면서 1850년에는 그러한 극상림(기후 조건이 가장 적합한 안정된 지역에서 극상에 이르렀다고 간주되는 숲) 중 40%가 베여 없어졌다. 1870년 무렵이 되자 인구는 약 4000만 명으로 늘어났고, 원래 있던 숲 중 60% 이상이 사라졌다. 무절제한 시절이었고, 천연자원은 거의 무한하게 널려 있는 것처럼 보였다.

그런데 그때 뉴잉글랜드 지방의 초절주의*가 황야와 숲을

---

* 초절주의(超絶主義, transcendentalism). 19세기 중엽 미국 뉴잉글랜드에서 일어난 사상. 문학상의 이상주의 운동으로, 개인의 존엄과 범신론적 신비주의가 사상의 핵심을 이룬다. 감각을 초절한 신비경에서 신과 진리를 찾아내려는 사상에 바탕을 두고 새로운 민족문화의 출현을 대변했다. 1836년부터 에머슨(Ralph Waldo Emerson)의 집을 중심으로 토론회 형식의 회합이 열렸다. 참가자는 에머슨, 소로(Henny David Thoreau), 풀러(Margaret Fuller) 등이며, 동인 잡지의 원형이라고 할 수 있는 기관지 〈다이얼〉을 창간하였다.

새로운 시각으로 조명했다. 초절주의자들은 모든 피조물과 자연이 본질적으로 하나라고 믿었다. 에머슨과 소로가 초절주의 운동을 이끈 대표적인 인물이었는데, 두 사람은 미국인 중에서 최초로 황야의 소중함을 주장한 원조라 할 수 있다. 에머슨은 자신의 첫번째 책인 『자연』(1836)에서 "우리는 숲에서 이성과 믿음으로" 돌아가며, "하느님의 일부가 된다"라고 썼다. 에머슨과 『월든』(1854)의 저자 소로는 야생 자연의 보존을 호소하는 유례없는 철학적 지침을 내놓았고, 쿠퍼(James F. Cooper)의 소설과 캐틀린(George Catlin), 콜(Thomas Cole), 이네스(George Inness)의 풍경화는 숲은 서 있을 때 가치가 있다는 혁명적인 개념을 문학적으로 또는 시각적으로 표현했다.

에머슨과 소로가 마련한 무대 위에서 뮤어(John Muir)는 1870년대에 환경에 관한 개념을 격정적이고도 열정적인 글로 쏟아내 광범위한 관심을 불러일으키는 데 성공했다. 빙하 작용, 나무의 경이, 자연의 기적, 삼림지의 공공 소유와 정부 관리의 필요성 등을 다룬 그의 글을 서로 얻으려고 주요 간행물들 사이에 치열한 경쟁이 벌어졌다. 그가 쓴 책은 최소한 어느 정도 팔려나가는 베스트셀러가 되었다.

뮤어와 형제들은 엄격한 스코틀랜드인 아버지 밑에서 스파르타식 식사로 끼니를 때우며 새벽부터 밤까지 농장 일을 하며 자라 발육이 느렸다. 뮤어는 어릴 때부터 기계에 관심이 많았는데, 나무를 깎아 아주 복잡한 기능을 가진 시계를 만들기도 하고, 교묘한 쥐덫도 고안했다. 위스콘신 대학교에 입학하면서는 발명가로 이름을 날렸는데, 그가 고안한 물건(침대를 기울이는 자명종 시계, 15분마다 책을 바꾸는 책상 등) 중에는 지금도 그 대학에 전시돼 있는 것이 있다.

어른이 된 뮤어는 산에 신비한 유대감을 느껴 산과 너무 오래 떨어져 있으면 몸에 병이 생겼다. 요세미티에서 10년 동안 살았는데, 당대의 유명한 사람들이 그와 함께 야영을 하려고 찾아왔다. 뮤어는 식물을 연구하고 철학적 사색을 했는데, 많은 사람들의 이야기에 따르면 산에서 일주일 동안 지내다 내려온 그는 예수처럼 보였다고 한다. 빅토리아 시대의 여성들이 피아노 다리를 가리기 위해 피아노에 숄을 걸치던 시절에 그는 다음과 같은 글을 썼다.

"산으로 돌아가려는 지금 이 순간 나를 환히 비추고 있는 광채를 잉크로는 도저히 표현할 수 없다. 나는 요세미티의 벽을 단숨에 훌쩍 뛰어넘고 싶다… 나는 영적인 하늘과 하나가 될 것이다. 나는 벌거벗은 신을 만질 것이다."

뮤어는 환경에 관한 인식에 일어난 혁명의 산파 역할을 했다. 1872년에 옐로스톤이 최초의 국립공원으로 지정되고 나서, 뮤어의 열정적인 호소로 1890년에 요세미티와 제너럴그랜트와 세쿼이아 세 곳이 추가로 국립공원으로 지정되었다. 이 세 곳은 모두 빼어난 자연 경관 때문에 지정되었다.

새로운 환경보호주의는 국유림을 만드는 데에도 크게 기여했다. 1880년대에 무분별한 토지 매각 과정은 수십만 평방마일의 숲을 그루터기만 남은 황량한 땅과 농경지로 변모시켰는데, 대륙 횡단 철도가 개통되면서 처음으로 전국적인 피해 상황을 제대로 조사할 수 있게 되었다. 1880년대에 처음으로 제대로 된 삼림지도가 만들어졌는데, 그해의 인구조사 서문은 "미국인은 어떤 크기와 자원을 가진 숲이건 간에 관리를 소홀히 하면 아주 짧은 시간 안에 사라질 수 있다는 사실을 명심해야 할 것이다"라고 경고했다. 숲을 체계적으로 관리하지 않으면 곧 전국적인 삼림 부족 사태를 맞으리라는 것은 명백했다.

그와 동시에 미국인은 미개척 지역이 더 이상 남아 있지 않고, 야생 동물이 사라져가고 있다는 사실을 깨닫기 시작했다. 비버가 사라졌고, 한때 수십억 마리나 되던 나그네비둘기도 1880년대 초에는 상업적 멸종 상태(그 수가 크게 줄어들어 상업적으로 이용할 수 없는 수준)에 이르렀으며, 1914년에는 완전히 멸종하고 말았다. 유럽인이 처음 북아메리카에 올 때만 해도 600만 마리가 넘었던 버팔로는 1890년에 약 100만 마리로 줄어들었고, 1892년에는 옐로스톤 국립공원에 남아 있던 85마리를 비롯해 몇몇 장소에 작은 무리들만이 남았다.

국유지의 산림 보존을 둘러싼 논쟁은 사라져가는 황야, 현실로 닥쳤거나 예견되는 목재 부족 사태, 광범위한 벌목과 불법 벌채에 대한 우려, 국유지에서의 무단 채굴과 방목, 화재 제어의 필요성 고조라는 배경 속에서 절정에 이르렀다. 1891

년, 토지 관련 법안에 삼림지를 지정할 수 있는 권한을 대통령에게 부여하는 조항이 삽입되었다. 그리고 1910년 무렵에는 시어도어 루스벨트 대통령의 노력 덕분에 약 25만 평방마일의 숲(전국의 삼림지 중 약 5분의 1에 해당하는)이 정부가 관리하도록 지정되었다.

연방정부가 소유한 땅은 삼림지뿐만이 아니다. 알래스카와 하와이를 포함해 미국 전체 국토 면적 중 약 29%가 국유지이다. 미국 본토에서는 약 20%에 해당하는 62만 6000평방마일의 땅을 연방정부가 소유하고 있다. 각 주에서 연방정부가 소유하는 땅의 비율은 뉴욕 주와 캔자스 주는 1% 미만이지만, 네바다 주는 83%가 넘으며, 서부 지역은 절반 이상이 연방정부 소유로 남아 있다. 이렇게 미국 국토에는 광대한 공유지가 펼쳐져 있다. 헌법에서 토지 소유는 연방정부의 합법적인 기능으로 명시돼 있지 않지만, 공유지 제도는 미국의 기본 제도로 확실히 자리잡았다.

20세기가 되자 개인의 토지 소유와 자본주의가 결합되면 그 지역의 자원이 고갈될 수밖에 없다는 사실이 명백해졌다. 혈기 왕성한 미국인 개척자는 누구라도 사리사욕을 채우기 위해 마지막 남은 나무를 베거나 최후의 버팔로를 사냥하려고 했기 때문이다. 공유지 제도는 무차별적인 자본주의의 약탈로부터 자연을 보호하는 생태학적 완충장치였다.

목재의 장기 공급을 보장하고, 유역을 무분별한 벌목과 산불, 채굴, 방목으로부터 보호할 수 있는 국유림 제도는 우리의 공유지를 재생 가능 자원으로 이용하려는 의식을 갖고 최초로 기울인 노력이었다. 그러나 20세기 초에 태평양 북서부, 남부, 오대호 부근의 숲은 대부분 여전히 사유지로 남아 있었다. 세 회사 — 와이어하우저, 노던퍼시픽 철도회사, 서던퍼시픽 철도회사 — 가 철도와 마찻길, 소택지 양도를 통해 전국의 입목(立木. 토지에 생육하고 있는 수목 집단) 중 11%를 소유했고, 정부가 20%를 소유했으며, 나머지는 개인이나 작은 회사들이 소유했다.

정착민들이 그레이트플레인스 지역으로 이주하면서 삼림 벌채의 속도는 느려졌지만, 1930년에 이르자 전국에서 원래 있던 숲 중 남아 있는 것은 13%뿐이었다. 지금은 원시림 상태로 남아 있는 것은 3%(약 6250평방마일) 미만인데, 그중 사유지는 거의 없다. 쉽게 설명하자면, 광대한 미국 국토 중에서 가로 100km, 세로 160km밖에 안되는 좁은 땅만 남은 셈이다. 그마저도 어떻게 하면 더 빨리 숲을 베어 없앨까 하고 궁리하고 있는 형국이었다.

우듬지, 특히 오래된 숲의 우듬지에는 많은 종의 생물이 살고 있다. 1991년에 생태학자 로먼(Meg Lowman)은 매사추세츠 주 서부의 윌리엄스 대학 근처에서 거대한 오크나무 2개 사이에 높은 구름다리를 놓았다. 로먼의 학생들은 그곳에서 파나마와 코스타리카의 우림과 마찬가지로 기이한 공중 식물들과 처음 보는 종들을 발견했다. 그 후 오래된 숲의 상층부를 덮고 있는 이끼와 지의류에서 북아메리카의 우듬지에만 사는 새로운 곤충이 수백 종이나 채집되었다. 박쥐도 많은 종류가 살았고, 날다람쥐와 붉은나무들쥐도 우듬지에서 살았다. 일부 새도 우듬지를 터전으로 삼아 살아간다. 점박이올빼미는 날다람쥐를 잡아먹지만, 참매나 수리부엉이의 공격을 피하기 위해 거꾸로 매달릴 수 있는 나뭇가지가 필요하다. 멸종 위기에 처한 대리석 무늬 쇠오리도 높은 곳의 이끼층에 둥지를 틀고 사는데, 어치로부터 새끼를 보호하려면 위를 뒤덮어주는 나뭇가지가 필요하다.

거대한 나무가 살아가는 데 필요한 영양분 중 많게는 4분의 3을 오래된 숲에 서식하는 지의류가 공급하는 것으로 보인다. 지의류는 균류와 조류(藻類)가 공생 관계를 맺으며 하나의 생물처럼 살아가는 공생체인데, 이 사실은 독학으로 식물학자가 된 포터(Beatrix Potter)가 처음 알아냈다. 지의류와 키 큰 나무에 붙어사는 그 밖의 착생식물은 그 무게가 나무의 전체 잎보다 4배나 많이 나가기도 한다.

이끼류는 안개와 빗물, 공기 중에 날아다니는 입자 등을 걸러서 영양 물질을 얻는다. 오래된 나무 한 그루에는 같은 종에 속하는 균류가 약 1000종류나 살기도 하지만, 조림지에서는 이러한 균류의 다양성이 극히 빈약하다. 나무에 붙어살면서 거대한 선들을 이루고 있는 균류는 많은 영양 물질을 모아서 저장한다. 균류가 없었더라면 이 영양 물질들은 바람에 날려 가거나 물에 씻겨 내려갔을 것이다.

착생식물 중에는 오래된 숲에만 사는 게 많은데, 그중 일부는 숲이 생긴 지 150년이 지난 뒤에야 나타난다. 그리고 숲의 나이가 400년이 지나야 지의류 종이 모두 나타난다. 어떤 균류는 나무를 먹어치우는 곤충을 죽이는 화학물질을 만들어내 자신의 서식지를 보호한다. 지의류는 생장 속도가 아주 느려서 상추 잎만 한 크기에 도달하는 데 50년이 걸리는 경우도 있다. 연구자들은 지의류가 다른 나무로 확산되는 데는 시간이 한참 걸리며, 옮겨간 장소에서 자리를 잡는 데에도 특별한 조건(아래쪽에 있는 그늘진 가지에서 Y자 모양으로 갈래진 곳과 같은)이 갖추어질 때까지 기다려야 하는 게 아닌가 생각한다.

여기서 말하고자 하는 핵심은 "지의류를 구하자!"가 아니다. 핵심은 큰 나무들을 자라게 하는 방법(심지어는 큰 나무가 자라는 방법)을 우리가 모른다는 사실이다. 오래된 숲을 목재 생산용 나무 농장으로 대체하는 것은 서식지 전체를 사라지게 하는 것과 같다. 오래된 숲에서 마지막으로 남은 작은 부분마저 우리가 계속 베어낸다면, 숲을 되살리는 데 필요한 생물의 다양성을 잃고 말 것이다.

≈

국유림을 지정하기 시작하던 무렵(20세기로 넘어오던 무렵)에 미국의 전체 삼림 면적은 서서히 증가하고 있었다. 숲을 베어 낸 뒤 그 땅을 농경지로 만들지 않으면, 다시 나무가 자라나기 때문이다. 19세기 중엽에 산업화가 진행된 것과 함께 중서부 지역에서 농업이 시작되면서 뉴잉글랜드 지방의 농경지는 다시 숲으로 변했다. 1880년 이후 그레이트플레인스 지역의 주들이 개방되면서 대서양 중부 지역에 위치한 주들에서는 2차림(처녀림 벌채 후에 자연 발생적으로 자라나는 숲)이 자라기 시작했다. 식량은 한때 북동부와 남동부의 변경 지역에 위치한 농경지에서 공급했지만, 이제 비옥한 프레리(미시시피 강에서 로키 산맥까지 뻗어 있는 대초원)의 표토에서 재배되었고, 버몬트 주의 밀밭과 남부 지역의 담배 및 목화 재배지에 2차림이 자라나기 시작했다.

내연 기관이 작물을 많이 먹는 짐말을 대체하자, 농작물 생산에 필요한 농경지 면적이 크게 줄어들었다(말의 수는 1900년에 약 2500만 마리로 최대에 이르렀는데, 전체 농경지 중 약 4분의 1은 말 먹이를 생산하는 데 쓰였다). 트랙터와 자동차가 등장하면서 짐말은 점차 밀려났고, 말 먹이를 생산하는 데 쓰였던 농경지를 식량 생산으로 돌릴 수 있게 되었다.

영농 기술의 발전도 새로운 농경지를 개발해야 하는 부담을 덜어주었다. 영농 기술이 산업화되면서 단위 면적당 식량 생산량이 크게 증가하여 숲을 개간해야 할 필요가 크게 줄어들었다. 현재의 농경지 면적은 20세기 초와 비슷하지만, 대부분은 단위 면적당 생산량이 두 배 이상 늘어났다.

무엇보다 중요한 사건은 땔감 대신에 화석연료를 사용하게 된 것이다. 19세기 중엽부터 도시 지역에서는 난방 연료로 석탄을 사용하기 시작하여 20세기에는 석탄과 석유와 가스의 소비가 급증했는데, 이에 반비례하여 땔감 소비가 크게 감소했다.

또 지금은 목재도 훨씬 효율적으로 사용되고 있다. 똑같은 기둥과 들보 구조의 집을 짓더라도, 현대 건축 기술은 목재 사용량을 3분의 1로 줄일 수 있다. 그리고 둥근톱 대신에 띠톱을 사용하자 톱밥으로 낭비되는 목재가 크게 줄어들었다. 지금은 별로 필요가 없는 줄기 윗부분은 베어내 썩도록 방치해 흙 속으로 돌아가게 하거나, 태워서 토양에 탄산칼륨을 보충해 준다. 통나무에서 잘라낸 널빤지는 종이 펄프와 스트랜드보드(작은 가닥 모양의 나무 조각들을 접착제로 붙여 만든 판목)를 만드는 데 쓰이고, 껍질은 원예용 뿌리 덮개로 쓰인다. 경목(참나무, 마호가니 같은 단단한 나무) 줄기 윗부분은 대부분 장작 난로의 땔감으로 쓰이는데, 장작 난로는 보통 난로보다 8~10배나 많은 열을 낸다. 1903년에 작성된 산림 관리 보고서에서는 나무 한 그루를 벤 뒤 최종 산물로 만들 때까지 전체 나무의 65%가 낭비된다고 평가했는데, 지금은 낭비되는 양이 10% 미만이다.

그러나 1930년대까지는 삼림지 면적이 들쑥날쑥 제멋대로 증가했다. 그러다가 1930년대에 미국은 경제적 위기뿐만 아니라 생태학적 위기까지 맞게 되었다. 농부들이 서부로 달아나면서 도랑이 파이고 마구 침식된 농경지 수십만 에이커가 버려지자 연방정부가 개입했다. 1933년에 설립된 미국 민간 자원보존단(뉴딜 정책의 일환으로 설립된 기구. 젊은 미혼 남성들을 자원 보존 사업에 참여시킴으로써 대공황기의 실업을 완화할 목적으로 설립했다)은 침식을 막기 위해 수백만 그루의 나무를 심었고, 표토를 다시 조성하고, 조림지에 목재 자원을 공급하면서 인근 사유림의 회복도 도왔다. 테네시강유역개발공사(TVA)는 전체 계획의 일환으로 테네시 강 유역에 재조림 사업을 벌였고, 1934년에 산림청은 방풍림 조성 계획을 시작했다. 강수량이 450mm까지 내려가는 선을 따라 캐나다에서 텍사스 주 북부까지(대략 노스다코타 주의 비즈마크에서 텍사스 주의 애머릴로까지) 폭 160km의 숲을 조성하려는 계획이었다. 그레이트플레인스 주변의 주들에 수백만 그루의 나무를 심어 땅을 되살리고 전국의 삼림 면적을 늘렸다. 그 결과 지금은 20세기 초보다 삼림 면적이 20% 더 늘어났다.

그러나 오늘날의 숲과 원시림 사이에는 큰 차이가 있다. 하나는 나무의 크기가 훨씬 작다는 것인데, 단지 나이가 어려서 그런 것이 아니라 최상의 목재를 벌목하는 관행 때문에 숲의 전체적인 유전자 질이 나빠졌기 때문이다. 초기의 벌목 작업

	지름	키
소나무	1m 80cm	75m
단풍나무	1m 73cm	30~60m
플라타너스	1m 65cm	30~60m
느릅나무	1m 65cm	30~60m
헴록	1m 43cm	30~60m
오크나무	1m 43cm	30~60m
참피나무	1m 43cm	30~60m
서양물푸레나무	1m 43cm	30~60m
자작나무	1m 43cm	30~60m

은 노동 집약적인 일이어서 선별 작업이 중요했다. 그러다보니 가장 큰 나무가 우선 순위로 뽑혔는데, 그 나무들은 우리가 상상하는 보통 나무보다 훨씬 컸다. 1800년경에 작성된 위의 표에는 버몬트 주에서 자라던 나무들의 크기가 기록돼 있다. 이 측정값은 "자연이 만들어낸 가장 큰 나무를 측정한 것이 아니라, 대부분의 고장에서 발견되는 것 중 가장 큰 나무를 대상으로 잰"것이다.

오늘날 버몬트의 이 마을들에서 자라고 있는 나무 중 가장 큰 것은 지름이 90cm를 넘는 것이 드문데, 200년 전의 가장 큰 나무와 비교하면 절반밖에 안되는 두께이다. 숲에서 가장 큰 나무를 골라 베어내면, 그것보다 작은 나무가 종자를 퍼뜨리게 된다. 물론 남은 나무들도 크기가 천차만별인데, 다음번에 벌목을 할 때에는 남은 것 중에서 또 가장 큰 나무가 선택되어 결국에는 계속해서 더 작은 나무가 종자를 퍼뜨리게 된다. 그 결과 오늘날 숲에서 자라는 나무들은 옛날에 비해 작아질 수밖에 없다.

오늘날의 숲과 옛날 숲 사이의 또 한 가지 차이점은 숲 생태계에서 불이 차지하는 역할을 우리가 뒤늦게 깨달은 결과로 생겨났다. 오늘날 많은 숲에는 의도는 좋았지만 잘못된 관리로 인한 상처가 고스란히 남아 있다. 미국 산림청은 80년 동안 모든 산불을 진압하려고 최선을 다했고, 그 결과 많은 곳에는 아우점종*으로 이루어진 병약한 숲이 남게 되었다.

오리건 주의 블루 산맥이 대표적인 예이다. 한때 이곳에서는 불과 곤충에 강한 폰데로사소나무와 서부잎갈나무가 하늘을 찌를 듯이 자라고 있었고, 주기적으로 발생하는 소규모 산불이 관목과 그 밖의 나무 종들을 제거했다. 폰데로사소나무를 벌목하고 산불이 발생하면 얼른 진압한 결과 남은 수종은 로지폴소나무와 전나무가 주종을 이루게 되었는데, 두 나무는 해충의 공격에 취약하다. 오늘날 블루 산맥의 숲은 해충과 질병으로 죽어가고 있고, 숲바닥에는 고목이 쌓여 해마다 큰 산불이 일어날 가능성이 증가하고 있다.

마찬가지로 미국 전역의 숲에서 선별 벌목은 더 작은 나무가 주종을 이루게 했고 종의 균형에 왜곡을 초래했다. 또 화재

---

* 亞優占種. 우점종은 생물 군집에서 그 성격을 규정하는 종을 말하며, 희소종과 상대되는 개념이다. 아우점종은 우점종보다 한 단계 아래의 종을 말한다.

진압은 자연 도태 과정을 방해함으로써 불에 강한 종의 생존을 위축시켰다. 버몬트 대학교의 산림생태학자인 보겔만(Hubert Vegelmann)은 이것을 "앙상한 꼬챙이 숲"이라고 표현했다.

옛날에 인디언이 가꾼 서양물푸레나무와 단풍나무 숲과 웅장한 자이언트세쿼이아와 미국삼나무 그리고 지름이 2.4m나 되는 경이로운 미송은 거의 모두 사라졌다. 숲이 하나의 작물처럼 간주되면서 오늘날 남아 있는 나무들은 옛날에 서 있던 나무들의 흔적에 불과하다. 유럽인이 도착한 이래 지금까지 삼림지 면적은 약 절반으로 감소했다. 각 주와 연방정부가 관리하는 삼림지는 20만 6250평방마일인데, 개인이 소유한 삼림지는 60만 평방마일이 넘는다. 이것은 미국의 수로가 신장을 제거하는 것과 맞먹는 고통을 겪어왔음을 의미한다.

4

빗물의 여행

물의 관점에서 볼 때 숲은 그 나이에 상관없이 모두 다 똑같은 숲이다. 숲이 우거진 유역에 빗물이 떨어지면, 일차적으로 우듬지가 떨어지는 빗방울의 힘을 흡수하고, 토양을 덮고 있는 잔가지와 잎, 이끼, 썩어가는 식물은 토양이 빗물에 파이는 것을 막아준다. 숲에 떨어지는 빗물 중 절반 이상은 증발과 증산 작용을 통해 공기 중으로 직접 돌아가면서 습도가 높고 구름으로 덮인 미기후를 만들어 낸다. 빗물 중 일부는 숲의 토양 속으로 천천히 스며들어 지하수가 되었다가 샘물이 되어 다시 솟아오르고, 일부는 표면 위로 흐르다가 수로로 흘러들어간다. 나뭇잎이 잎줄기에 연결돼 있고, 그것은 다시 차례로 잔가지, 가지, 큰 가지, 원줄기에 연결돼 있는 것처럼, 흐르는 물도 모여 실개천을 이루고, 그것들이 모여 개울이 되고, 다시 그것들이 모여 결국에는 큰 강을 이루어 바다로 흘러간다.

땅으로 떨어지는 빗물은 지구 암석권의 기복에 따라 각각 다른 유역으로 나뉘어 흘러간다. 물은 표면을 침식하고, 흐르는 물은 실트를 실어간다. 지름 0.063mm 이하의 암석 입자인 실트는 아주 미세하기 때문에 물이 언덕을 흘러내려가 큰 물줄기와 합류할 때까지 물속에 떠 있을 수 있다. 도중에 유기물과 실트는 자연 지형이 빚어낸 천연 댐이나 여과장치, 강바닥의 나무와 가지, 비버 댐에 붙들린다. 수로에 사는 생물들의 형태는 이러한 투입 요소들을 충분히 고려하여 설계되었다. 실트는 무기물 원자들을 공급하고, 식물 부스러기는 유기물, 곧 먹이를 하천에 공급한다. 하천에 흘러드는 식물 부스러기와 실트의 양은 어느 정도 예상이 가능하다. 매년 작은 하천으로 흘러드는 유기물 부스러기 중 65~82%는 강바닥에 쌓이고, 나머지는 하류로 흘러내려간다.

상류 지역에서는 대개 깊이가 얕고 여기저기 소용돌이가 일며 큰 돌들이 널려 있는 강바닥 위로 물이 흘러간다. 강기슭에 나무가 우거져 있으면, 물은 그늘 아래로 흘러 수온이 낮다. 이러한 조건에서는 식물성 플랑크톤이 느리게 번식하기 때문에 먹이그물에 공급하는 영양 물질이 적다. 호박돌이나 기반

암, 나무 위에서 자라는 이끼는 하천 표면의 20% 이상을 덮고 있다. 그리고 이끼와 가까운 남조류 무리가 군데군데 널려 있고, 규조류 집단도 드문드문 존재한다. 이러한 하천 생태계에 먹이를 공급하는 영양 물질은 강기슭에서 물속으로 떨어지는 잎과 잔가지, 큰 가지, 줄기가 대부분을 차지한다. 하천에 잠긴 나무줄기는 돌과 강바닥에 닿아 닳으면서 그리고 세균과 균류와 딱정벌레 유충, 강도래, 달팽이에게 먹히면서 천천히 분해된다. 잎은 비교적 빨리 분해되고, 유기물 부스러기는 계속 더 작은 입자로 분해되어 결국 미생물이 먹어치운다.

고요한 물속에서는 바닥의 퇴적물에 섞여 있던 영양 물질이 물기둥 꼭대기로 솟아올랐다 가라앉길 반복하며 순환한다. 흐르는 물에서는 영양 물질이 물살에 휩쓸려 내려가기 때문에 한곳에서 순환하기보다는 하천계를 따라 소용돌이치면서 내려간다.

오래된 숲을 흘러가는 개울의 경우, 나무들이 수로를 가로막으면서 두 종류의 서식지를 만들어낸다. 나무 자체가 하나의 서식지가 되고, 유기물 부스러기가 퇴적되는 웅덩이가 또 다른 서식지를 이룬다. 넘어진 나무들이 만든 작은 댐들은 유기물과 영양 물질이 쌓이게 해주고, 영양 물질의 소용돌이를 강하게 하여 하천 생태계의 생산성을 증가시킨다.

강을 이루어 흐르는 물은 코르크마개뽑개처럼 소용돌이치면서 흘러간다. 강바닥을 따라 흐르는 물은 장애물 위로 지나

다가가 마찰 때문에 속도가 느려지는 반면, 표면 가까이 흐르는 물은 더 빨리 흐른다. 강이 구부러지는 장소에서는 표면에서 빨리 흐르는 물이 바깥쪽 강둑에 부딪히며 강둑을 침식하는 반면, 더 느리고 부스러기를 많이 포함한 바다 근처의 물은 안쪽 강둑으로 미끄러져 가면서 운반해 온 모래와 자갈 중 일부를 내려놓는다. 이러한 과정은 저지대의 강들에서 볼 수 있는 곡류를 만들어낸다.

하천에서 다양한 물의 흐름은 침식작용으로 만곡부 바깥쪽에는 깊고 잔잔한 웅덩이를 만들고, 안쪽 가장자리에는 실트를 쌓아 모래톱을 만들며, 직선으로 뻗어 있는 곳에는 자갈이 깔린 여울을 만들어놓는다. 웅덩이와 여울은 서로 무척이나 성격이 다른 서식지라서 각각에는 독특한 생물 군집들이 서식한다. 여울에 사는 생물들은 빠르고 얕은 물의 환경에 잘 적응한 생물들이다. 어떤 생물들은 크기가 작고 암석 사이에 몸을 숨기고 살아가는가 하면, 어떤 생물들은 저질(底質. 호수, 바다, 늪, 강 따위의 바닥을 이루고 있는 물질. 침전과 퇴적에 의하여 생긴다)에 들러붙어 살아간다. 많은 물고기는 산소가 잘 통하고 어느 정도 보호물이 있는 자갈층에다 알을 낳는다. 깊은 웅덩이는 물기둥의 모든 높이에 서식하는 큰 동물들뿐만 아니라, 바닥에 쌓인 유기물을 분해하는 저서생물들도 부양한다.

일반적으로 탁 트인 장소를 지나가는 강은 숲 속을 흐르는 개울보다 훨씬 복잡한 생물 집단을 부양한다. 햇빛이 더 많이 비치기 때문에 조류가 많이 자라 많은 동물성 플랑크톤을 부양하여 먹이사슬의 기반을 넓혀주기 때문이다. 그래서 강물이 부양하는 생물량(어느 지역 내에 살고 있는 전체 생물의 양. 군집 내 밀도를 나타내는 데 쓰며, 무게나 에너지량으로 나타낸다. 바이오매스라고도 한다)이 개울보다 훨씬 더 많다.

강물은 끊임없이 흐르며, 만곡부는 늘 좁아진다. 퇴적작용과 침식작용으로 보호사면과 공격사면이 두드러지고, 곡류도 더 심해진다.* 구불구불 흐르던 곡류는 결국 잘록한 부분을 건너뛰어 흘러가면서 새로운 수로를 만들고, 뒤에 우각호(牛角湖. 구불구불한 하천의 일부가 본래의 하천에서 분리되어 생긴 초승달 또는 쇠뿔 모양의 호수)를 남긴다. 우각호는 시간이 지나면 퇴적물이 쌓여 범람원으로 돌아간다(그렇지만 세월이 한참 흐르면 지표면과 기후의 변화로 새로운 하천에 의해 또 다른 방식으로 침식된다). 곡류는 수백 년에 걸쳐 뱀처럼 구불거리며 하류로 흘러내려가고, 도중에 우각호들이 남는다. 하천의 국지적 특징들은 계속 변하다가 결국은 사라지지만, 지질학적 시간의 척도에서 보면 강과 땅 사이의 전체적인 유형은 똑같이 유지된다.

수로와 땅 사이의 동역학적 평형은 하천계에 사는 생물들 사이에 그에 상응하는 동역학적 평형을 만들어낸다. 곡류의

---

* 곡류 하천에서 침식을 받는 쪽을 공격사면이라 하고, 퇴적물이 쌓이는 그 반대쪽은 보호사면이라고 한다. 공격사면에는 퇴적물이 적고 수심이 깊으며, 절벽이 생긴다. 보호사면에는 농경지나 취락이 발달한다.

만곡부는 수로에서 고립되어 우각호가 되었다가 홍수가 일어나면 다시 강물의 본줄기와 연결되고, 결국에는 범람원의 습기 찬 저지대로 변한다. 이러한 과정을 거치는 동안 다양한 동식물 군집이 이어가면서 그곳에 자리를 잡고 살아간다. 하천계가 새로운 지름길 수로를 계속 만들어내는 동안 각각의 생물 군집이 살아가기에 적합한 일련의 서식지가 생겨나고 유지되어 모든 단계들이 범람원에 나타날 것이다. 만약 수로가 '안정' 상태에 접어들어 범람원이 둑에 의해 분리되면, 모래톱이나 침식된 둑, 우각호, 범람원에 의존해 살아가던 생물들은 사라지기 시작할 것이다.

일반적으로 고지대를 흐르는 개울은 저지대를 흐르는 강보다 경사가 더 급하긴 하지만, 고지대의 작은 개울을 흐르는 물은 실트가 쌓인 저지대의 강물보다 더 느리게 움직인다. 작은 수로에서는 물이 이리저리 호를 그리고 구부러지다가 돌과 나무에 부딪쳐 튀어오르거나 소용돌이치면서 산소를 많이 흡수한다. 폭이 좁은 고지대의 개울들이 합쳐져 더 큰 시내가 되면, 전진 속도 중 상당 부분을 소용돌이치는 데 쓰던 물이 이제 조약돌과 자갈과 모래로 변한 강바닥을 만나 층류(層流. 층을 이루며 흐트러짐이 없는 흐름)로 변한다. 결국 물은 실트가 쌓인 바닥 위로 흘러가는 깊고 구불구불한 강이 되어 흐르다가 바다로 흘러들어가는 지점에 삼각주(실트와 모래가 많이 쌓인 곳)를 만든다. 아주 큰 강에 생긴 삼각주들은 면적이 수만 평방마일에 이른다. 미시시피 강은 지난 8000년 동안에 일정한 주기로 거대한 삼각주를 6개 만들어냈다.

겨울철에 내린 눈은 봄철의 몇 주일 안에 녹고 폭우는 단시간에 많은 물을 쏟아붓기 때문에, 강물은 정기적으로 홍수가 일어나면서 범람원에 퇴적물과 유기물을 공급한다. 강의 수로는 매년 홍수가 일어나는 전체 면적 중 아주 작은 부분에 지나지 않는다. 거대한 하천-범람원 생태계의 수생 생산력 중 대부분을 차지하는 것은 하천 수로 자체보다는 범람원이다. 숲이 우거진 유역을 흐르는 강의 홍수는 예측 가능한 시기에 일어나 잘 형성된 범람원을 유지한다. 늦여름과 가을에는 숲 사이로 흐르는 개울이 크게 줄어들거나 간헐적으로 흐르기 때문에 강바닥에 낙엽과 죽은 나무가 쌓인다. 그렇지만 봄이 되어 물이 많이 흐르기 시작하면, 엄청난 양의 퇴적물과 나무가 휩쓸려 내려간다. 봄철에 물이 많이 흘러내려갈 때 하천의 수로는 자연적으로 재정비되며, 자갈층 틈에 쌓인 실트가 씻겨 내려가면서 물고기의 산란 장소가 깨끗이 청소된다.

하천 둑에 자라는 나무들도 끊임없이 수로로 흘러들어온다. 둑이 무너지기도 하고, 폭풍이 나무를 쓰러뜨리기도 하며, 눈과 얼음이 나무를 아래로 짓누르면서 가지를 부러뜨리기도 한다. 통나무들이 길을 가로막으면 하천은 흐름을 바꾸어 새로운 길로 나아가기 때문에 수로가 복잡해진다. 하천으로 흘러들어오는 부목 중 많은 것은 눈사태나 이류(泥流. 산사태나 화산

아주 큰 강에 생기는 삼각주들은 면적이 수만 평방마일에 이르는데, 미시시피 강은 지난 8000년 동안 일정한 주기로 거대한 삼각주를 6개나 만들어냈다.

폭발 때 산허리를 따라 격렬하게 이동하는 진흙의 흐름)에 휩쓸려 높은 지대에서 내려온 것이다.

나는 알래스카 산악 지역에 있는 오래된 유역에서 작은 지류들이 중간 크기의 하천으로 흘러드는 지점에 나무들이 모여 4.5m 높이의 덩어리를 이루고 있는 것을 본 적이 있다. 또 버몬트 주 중부 지역에 위치한 내 농장 근처에 200mm의 폭우가 쏟아진 적이 있었는데, 비가 그치고 난 아침에 주변을 둘러보니 숲 전체가 이동한 것처럼 보였다. 격렬한 물살이 강둑 아랫부분을 깎아낸 지점에는 소나무 한 그루가 다른 소나무 위로 쓰러져 있었다. 강풍에 가지들이 부러져 나갔으며, 강둑도 눈에 띄게 위치가 변해 있었다. 수로에 이끼로 뒤덮인 채 있던 통나무들은 몇 m 하류 쪽으로 이동해 있었다. 숲은 우리가 눈치채는 것보다 더 많이 움직이며, 나무들은 늘 수로로 흘러든다.

강으로 흘러들어온 나무줄기는 강에서 생긴 대부분의 부스러기보다 훨씬 큰 규모로 수로에 변화를 일으킨다. 어떤 통나무는 격리된 장애물이 되는데, 이것은 결국 모래톱의 생성을 촉진해 작은 섬을 만들어낸다. 또 다른 통나무들은 한데 모여 강물의 흐름을 막기도 하지만, 시간이 한참 지나면 결국 바다로 떠내려간다.

한때 오래된 유역을 흐르던 연안 하천들에 얼마나 막대한 양의 나무가 널려 있었는지는 미국 전역의 수로를 항행 가능하게 유지하는 임무를 맡았던 미 육군 공병대의 문서에 잘 기록돼 있다. 1890~1917년 오리건 주의 쿠스와 틸라무크 카운티를 흐르는 총 길이 118km의 하천에서 건져낸 나무는 모두 3만 4827그루였고, 거룻배 811척 분량의 목재와 호박돌 1751개도 함께 건져냈다. 공병대는 쿠스와 틸라무크 카운티의 이 하천들과 코퀼 강에서 27년 동안 하천 길이 1.6km당 470여 그루의 나무를 건져냈는데, 3.3m당 한 그루씩 건져낸 셈이다. 큰 부목은 하천의 수로에 큰 영향을 미쳤고, 강이 바다와 만나는 곳에서는 해변을 뒤덮었다.

육지에서 바다로 흘러든 큰 통나무들은 서로 뭉쳐서 떠다니는 섬이 되기도 했다. 미시시피 강의 거대한 삼각주 하나를 만든 아차팔라야 강은 18세기의 마지막 수십 년 동안 길이가 16km에 이르는 통나무 뗏목을 만들어냈는데, 이것을 제거한 1835년에는 그 위에 키가 18m나 되는 나무들이 자라고 있었다. 19세기에는 갠지스 강 하구에서 160km 떨어진 인도양에서 통나무로 이루어진 섬들이 떠다니는 것이 종종 목격되었다.

각각의 통나무 자체도 하나의 섬이다. 부목은 물 위를 표류하는 생물들이 들러붙어 머물 수 있는 기반을 제공할 뿐만 아니라, 영양 물질을 안정적으로 공급하여 복잡한 생물 군집들을 부양할 수 있다. 물 위에 떠다니는 조각들은 망망대해라는 사막에서 생물들이 모이는 초점이 되며, 그러한 생물 군집들은 상당히 먼 거리에서도 볼 수 있다.

조류와 그 밖의 수생식물은 나무줄기에 들러붙고, 유충은 구멍을 파고 들어가 나무를 갉아먹는다. 따개비도 나무에 들러붙고, 작은 물고기들은 나무에 붙어 있는 조류를 뜯어 먹으며, 나무 그늘을 즐긴다. 시간이 지나면 큰 물고기들도 몰려와 작은 물고기들을 잡아먹고, 하늘에는 새들이 물고기들을 잡아 먹으려고 빙빙 돈다. 어떤 새는 날갯짓을 멈추고 통나무 위에 내려앉아 휴식을 취하는데, 그러다가 인산 성분이 풍부한 새똥을 씨와 함께 남긴다.

때로는 염분에 강한 맹그로브의 씨가 발아하여 통나무에 뿌리를 박고 맹그로브나무로 자라기도 한다. 여러 해가 지나면, 한때 숲 속에서 다른 나무들과 함께 자라던 나무가 또 다른 세계를 만들어내, 물속 아래 깊은 곳에서 헤엄을 치는 큰 물고기에서부터 위로 날아가는 새에 이르기까지 생명의 기둥(중간의 격리된 작은 땅을 매개로 서로 연결된)을 부양하게 된다.

모든 섬(오스트레일리아에서부터 통나무에 이르기까지)은 진화의 온상이다. 격리된 생태계에 도착한 한정된 수의 종들은 새로운 환경에서 사용 가능한 자원을 서로 나누어 차지하면서 진화가 아주 빠른 속도로 일어난다. 포식동물이 전혀 없는 모리셔스 섬에서는 비둘기가 몸무게가 25kg이나 나가는 도도로 진화했고, 갈라파고스 제도('galapago'는 에스파냐어로 '안장'이란 뜻인데, 이 섬들에 사는 거북의 껍데기 모양이 옛날의 에스파냐식 안장을 닮았기 때문에 붙은 이름이다)에서는 한때 갈라파고스땅거북 아종 14종이 식물을 뜯어 먹고 살았으며, 인도네시아의 술라웨시

섬에서는 마카크원숭이가 7종으로 분화했다.

　만약 섬이 진화가 가장 활발하게 일어나는 장소라면, 바다에 떠다니는 통나무도 바다 자체의 유전적 다양성에 기여했을 것이다. 미 육군 공병대의 통계 수치를 확대 적용해 보면, 북아메리카의 강들은 10년마다 수백만 개의 통나무를 바다로 떠내려 보낸다는 계산이 나온다. 만약 이 통나무들의 평균 길이를 3m로 낮추어 잡는다 하더라도, 이것들은 육지와 바다 사이에 길이가 수만 km나 되는, 떠다니는 주변 지역을 만들어낸다. 최근까지도 부목들은 전 세계에서 바다의 주변 지역(그리고 생산력)을 증가시키는 데 기여하고 있는 셈이다.

〜〜〜

　숲에서 자라는 나무들은 물을 직접 대기 중으로 돌려보내는 거대한 물펌프 역할을 한다. 뿌리는 단순한 배관장치를 통해 잎과 연결돼 있다. 햇빛은 잎을 통해 뿌리에 영양분을 공급하고 뿌리는 물과 영양 원소를 모아 잎으로 보내주는데, 껍질 바로 밑에 위치한 끈적끈적한 부름켜가 그 통로가 된다. 물과 영양 원소는 부름켜 껍질 안쪽에 관들이 층을 이루고 있는 물관부를 통해 나무 위로 올라간다. 그리고 잎에서 만든 영양분은 부름켜 바깥층에 있는 체관부를 통해 뿌리로 내려간다. 비가 내리는 계절에는 부름켜가 빨리 자라고, 그 세포들은 크고 밝은 색을 띤다. 여름과 가을에는 생장 속도가 느려지면서 세포들이 작아지고 어두워지고 세포벽이 두꺼워지면서 나이테가 만들어진다. 늙은 체관부는 죽어 나무껍질이 되고, 물관부는 나이가 들면서 리그닌(목질소)이 많아져 물이 통과하는 관들은 질긴 섬유질 물질(목질부라고 부르는)로 굳어진다. 줄기는 위로 자라지 않고, 옆으로만 자란다. 위로 자라는 생장은 가지 끝부분에서 일어난다. 나무에다 눈높이에 표시를 해두면, 몇 년이 지나 나무가 훌쩍 자라더라도 그 표시는 여전히 눈높이에 남아 있을 것이다. 목질부는 나무가 서 있도록 지탱한다. 생물학적인 일을 처리하는 곳은 부름켜이다. 그래서 속이 텅 빈 나무도 속이 꽉 찬 나무만큼 건강하게 살아갈 수 있다(다만 쓰러질 위험은 더 크다).

땅 위의 가지와 마찬가지로 뿌리 역시 가지를 계속 쳐나간다. 끝으로 갈수록 가늘어지는 뿌리는 사실상 땅속으로 파고 들어가는 쐐기와 같아서 심토(표토 바로 밑에 있는 흙)를 부수고, 암석에서 광물질을 흡수한다. 물과 영양 원소는 뿌리 끝 뒤쪽에 있는 미세한 뿌리털을 통해 나무 속으로 흡수된다. 뿌리털은 호기심 많은 손가락처럼 흙 속을 살피고 파고 들어간다(다윈은 뿌리 끝부분이 "하등 동물의 뇌처럼" 행동한다고 표현했다). 각각의 섬세한 뿌리털은 흙 알갱이 하나를 둘러싸고 수분과 녹아 있는 광물질을 부름켜로 보낸다. 이렇게 해서 물과 미량원소는 잎으로 올라가고, 거기서 햇빛을 받으면서 그곳으로 흘러든 일부 다른 원소들과 함께 당류와 단백질로 변한다. 이렇게 만들어진 영양분은 자라나는 뿌리로 다시 운반된다. 뿌리털은 수명이 며칠밖에 안되기 때문에 뿌리는 계속 자라난다. 시간이 한참 지나면 뿌리털은 아주 많은 흙알갱이와 엉켜 흙을 제자리에 단단하게 붙든다.

잎이 뿌리털에 의존해 살아가는 것처럼 뿌리털은 균근균에게서 영양분을 얻으면서 살아간다(이것은 약 4억 년 전에 최초의 식물이 뿌리를 내리던 시절부터 계속돼 온 공생관계이다). 균근(菌根)은 고등식물의 뿌리와 균류가 긴밀하게 결합하여 공생관계를 맺고 살아가는 뿌리 구조를 말하는데, 식물은 균류(균근균)로부터 무기물이나 비타민을 얻고 균류는 식물로부터 유기물을 얻는다. 균근균은 식물 뿌리의 표면 혹은 뿌리 내부에 침입하여 균근을 형성하고 공생하며 살아간다. 균근균 중에는 다양한 종의 식물 뿌리에 붙어사는 것도 있고, 오직 한 종의 식물 뿌리에만 붙어사는 것도 있다. 생쥐와 밭쥐, 줄무늬다람쥐가 숲바닥에 굴을 팔 때 그 똥을 통해 흙에 균근균을 옮겨준다. 균근균은 표토에서 녹아 나온 영양 물질이 함유된 물과 심토에서 추출된 광물질을 흡수하여 뿌리털로 전달해 준다. 최근의 연구 결과에 따르면, 마치 나무가 어떤 원소들이 필요한지 균류와 대화를 나누기라도 하는 듯이 균근균은 영양 물질을 선택적으로 흡수하는 것으로 보인다.

나무는 이러한 영양 원소들을 낙엽을 통해 흙으로 돌려보내

재순환시킴으로써 토양의 생산력을 높인다. 나무가 완전히 자랐을 때, 땅 밑으로 뻗은 뿌리계의 규모는 아주 거대하다. 예를 들어 커다란 오크나무 한 그루의 경우, 영양 원소와 물을 찾아 땅속에서 뻗어나간 뿌리의 길이를 모두 합치면 수백 km에 이른다. 그렇게 해서 모은 물 한 방울 한 방울은 줄기를 통해 잎으로 전달되는데, 다 자란 오크나무 한 그루는 하루에 약 160리터의 물을 증산 작용으로 내보낸다.

숲 바닥을 덮고 있는 낙엽층 아래에 있는 흙은 뿌리뿐만 아니라 땅굴을 파는 동물들과 지렁이, 유충, 균류가 판 구멍들로 벌집처럼 구멍이 숭숭 뚫려 있다. 건강한 숲 토양은 전체 부피 중 50~60%가 텅 빈 공간이다. 이러한 통로 중 일부는 폭이 0.025cm 미만이라서 모세관 작용으로 물을 머금고 있다. 큰 통로들(지렁이와 곤충이 매일 이용하는)은 흙 속의 물이 빠르게 움직이는 지름 0.6cm 이상의 관으로 연결돼 있다. 잎에서 숲 바닥으로 떨어진 빗물은 먼저 큰 수로들을 채운 뒤, 토양의 틈새로 스며들면서 한 수로에서 다른 수로로 침투한다(수직과 수평 방향 모두). 땅속으로 스며들어 지하수가 된 물 중 많은 양은 더 낮은 지점에서 샘물이나 침출수로 솟아나와 개울과 시내로 흘러든다. 이러한 개울과 시내 중 가장 작은 것은 숲 바닥의 유기물 부스러기 속으로 스며든 빗물이 모여 생긴다.

하천과 숲의 생태계를 여행하는 물 분자 하나의 여행은 생물학적 대관람차를 탄 것과 비슷하다. 빗방울은 잎에 부딪혀 나뭇가지 껍질 위로 미끄러져 내려오다가 증발한 후 다시 비가 되어 내려온다. 이번에는 흙 속으로 흘러가 뿌리털에 흡수된 뒤, 잎으로 올라가 증산 작용을 통해 다시 공기 중으로 돌아갈 수 있다. 그랬다가 다시 빗방울이 되어 폭우와 함께 쏟아져 땅 위로 흘러가다가 개울에 합류할 수도 있다.

숲 바닥에 떨어지는 눈송이는 햇빛이 비치지 않는 나무 주변에 쌓인다. 쌓인 눈은 한 켜만 해도 수백만 개의 육각형 결정으로 이루어져 있는데, 결정의 모양이 무척이나 정교해 그 표면적이 아주 크다. 기온이 영하에 머물러 눈 표면이 딱딱하게 얼어붙지 않는다면, 공기와 눈송이 결정 표면 사이의 증기압 차이 때문에 물 분자가 공기 중으로 튀어나간다. 즉 눈이 액체 상태를 거치지 않고 곧장 수증기가 되어 증발한다. 이것을 '승화'라고 부르는데, 나뭇가지에 쌓인 눈이 녹지도 않고 없어지는 것은 바로 승화 때문이다. 숲에 내린 눈은 몇 달 동안 쌓여 있으면서 천천히 승화하거나 녹으면서 공기 중으로 돌아가거나 스펀지처럼 물을 빨아들이는 낙엽층 사이로 스며든다. 눈이 녹은 물은 천천히 지하수면으로 스며드는데, 모든 틈이 완전히 채워지고 숲의 토양이 물로 가득 넘치게 되면, 지하의 강은 위에서 눈이 녹은 물이 누르는 압력을 받아 유역을 따라 흘러내려간다.

삼림지에는 나무가 없는 땅보다 눈이 덜 쌓이며, 그 눈은 봄이 되었을 때 근처 들판에 쌓인 눈보다 1~5주일 더 오래 있다가 녹는다. 숲이 우거진 유역에 내린 눈은 녹는 데 시간이 더 오래 걸리기 때문에 숲은 봄철의 홍수를 줄이는 데 도움이 된다. 로키 산맥의 일부 지역에는 전체 강수량의 90%가 눈으로 내리기 때문에 이곳에서 숲이 사라지면 심한 홍수 피해가 발생할 수 있다. 이것은 또 물 부족 현상을 초래할 수 있는데, 비나 눈으로 내린 물이 땅속에 저장되지 않아 지하수면이 내려가기 때문이다.

나무가 없으면 그만큼 잎도 적어지기 때문에 증발 및 증산 작용이 일어나는 전체 표면적이 줄어들어 공기 중의 수증기량이 적어진다. 또 보호해 주는 우듬지의 잎들이 없다면, 폭우가 쏟아질 때 토양은 강한 빗줄기에 그대로 노출된다. 빗방울 하나하나는 작은 폭탄과 같아서 흙을 파내고, 때리고, 흩뿌리고, 들어올리고, 사방으로 튀기고, 끈적끈적한 진흙으로 만들어 흙 속의 구멍과 통로를 다 막아버린다. 들판의 토양은 숲의 토양보다 생물 활동이 적어 흙 속에 구멍이 덜 뚫리고, 지하수로 스며드는 물의 양도 적다. 지하수면이 내려가면 샘물이 솟아나오지 않고 하천의 흐름이 느려지며, 일부 강바닥은 말라붙고 만다.

삼림을 벌채한 유역에 비가 내리면, 빗물은 수백만 개의 작은 흐름을 이루어 질주해 내려가면서 서로 합쳐져 격류를 이룬다. 격류는 언덕을 크게 침식하여 협곡을 만든다. 바닥에 물의 흐름을 늦추고 방향을 바꾸어주는 나무 줄기들이 없다면,

하천은 폭이 넓어지고 깊이는 얕아져 경사가 더 급해지고 흘러가면서 양편의 둑을 침식하게 된다. 세차게 흘러내려가는 물은 많은 표토와 자갈과 암석을 싣고 가 수로에 쏟아놓는다. 실트가 물에 섞여 들어가면, 숲 사이로 폭이 좁은 개울로 흐르던 것이 결국엔 여러 갈래의 수로들로 갈라져 널따란 지역으로 퍼지고, 이 수로들은 흘렀다가 말라붙길 반복하면서 많은 자갈과 부스러기를 실어나른다.

마지막으로, 삼림 파괴가 초래하는 가장 중요한 변화는 수로를 통해 많은 나무가 바다로 흘러가지 못하는 것일지도 모른다. 숲이 사라진 유역을 흐르는 하천은 나무를 많이 운반하지 못하며, 벌채가 일어난 유역을 흐르는 하천 역시 마찬가지다. 거대한 인공 댐도 수로에 통나무가 흘러들지 못하게 한다. 물 위를 떠다니는 이 생명의 기둥들(한때 넓은 바다의 경치에 활기를 불어넣고, 숲을 흐르는 하천에 생산력을 높여주던)이 사라지고 있다.

5

물을 모으는 풀의 바다

초원이 단지 기후의 산물이 아니라, 불이나 초식동물의 먹이 섭취와 같은 주기적인 교란들이 복잡하게 작용한 결과로 생겼다는 사실은 미국의 지리학자 소어(Carl O. Sauer)가 처음으로 지적했다. 초원은 가끔 닥치는 가뭄 때 식물이 집단적으로 말라 죽은 장소에서 발달하지만, 강우량만으로 초원이 생겨나는 것은 아니다. 초원은 땅이 편평하거나 기복이 완만하여 정기적으로 발생하는 불이 넓은 지역으로 확산되고, 풀을 뜯어 먹는 동물이 많이 살아 식물을 많이 먹어치우는 장소에서 발달한다. 북아메리카의 초원에서는 주기적으로 닥치는 가뭄과 고온, 강풍이 산불 발화와 확산에 아주 이상적인 조건을 제공하며, 거대한 무리를 이루어 사는 버팔로와 말코손바닥사슴이 많은 식물을 먹어치운다.

내륙 지역의 초원은 세 갈래의 불규칙한 띠를 이루며 남북 방향으로 뻗어 있다. 긴풀프레리(가장 동쪽에 있는 띠)는 키가 최대 3.6m에 이르는 긴 풀들이 자라는 게 특징이다. 긴풀프레리는 연간 강수량이 875mm 이상 되는 지역으로, 인디애나 주와 일리노이 주의 대부분을 포함하고 미네소타 주와 아이오와 주, 미주리 주 서쪽 경계선에서 서쪽으로 약 160km 떨어진 곳까지 펼쳐져 있다. 강수량이 좀더 적은 다코타 주, 네브래스카 주, 캔자스 주, 오클라호마 주, 텍사스 주 중부에 발달한 혼합풀프레리의 경우, 습기가 많은 저지대에서는 키 큰 풀이 자라고, 고지대에서는 짧은 풀이 자란다. 블루그라마와 버펄로그래스가 주종인 짧은풀프레리는 연간 강수량이 500mm 미만인 곳에서 시작되어 로키 산맥까지 뻗어 있다. 여기에는 몬태나 주 북동부, 와이오밍 주, 콜로라도 주, 뉴멕시코 주 동부, 텍사스-오클라호마 팬핸들 지역이 포함된다.

인간과 번개는 수천 년 동안 그레이트플레인스 지역에 반복적으로 광범위한 불을 일으켜왔고, 이곳에 사는 동식물들은 정기적으로 발생하는 불에 잘 적응한 종들이다. 불은 낙엽층에 갇혀 있는 영양 물질(낙엽층이 분해되기 전에는 식물이 섭취할 수 없는)을 해방시킨다. 초봄에 발생하는 불은 돋아나는 새싹의 수를 증가시키고, 생장기가 시작될 때 수분을 촉진함으로써 풀(초본식물)에서 꽃이 피는 줄기의 수를 늘리는 결과를 낳는다. 그러면 풀은 기존의 생물량이 분해되는 것보다 훨씬 더 빠른 속도로 생물량을 생산할 수 있다. 만약 초원에 불이 나지 않으면 생장과 꽃이 피는 활동이 줄어들어 식물의 활력은 눈에 띄게 감소할 것이다. 불은 목본식물을 희생시키는 대신에 풀의 생장을 촉진한다. 불이 나면 관목이나 나무 묘목은 금방 죽는 경우가 많으며, 윗부분이 죽거나 다시 싹이 튼 목본식물은 말코손바닥사슴이나 사슴의 먹이가 되기 쉽다.

정기적으로 불이 나지 않으면 긴풀프레리는 수십 년 안에 관목이 자라는 삼림지로 되돌아간다. 그러므로 이러한 초원들은 북아메리카 인디언이 의도적으로 때를 맞춰 불을 지른 결과로 생겨난 것으로 보인다. 인디언은 방목과 관목 제거, 편안한 여행, 화전농업, 사냥, 전쟁 등을 위해 광범위한 지역에 불을 질렀다. 그런데 거기에는 좀더 미묘한 이유도 있었다. 인디언이 서식지를 변화시켜 새로 자라나는 연한 풀로 사냥감을 유인하기 위해 초원에 자주 불을 질렀음을 시사하는 증거도 있다.

예기치 않게 떨어지는 번개로 인한 대규모 들불, 야영지의 모닥불이 옮겨붙어 발생하는 불, 가뭄기에 주기적으로 일어나는 들불 등으로 초원은 거의 매년 불탔다. 화재의 규모는 대개 국지적인 수준에 머물렀지만, 국지적 화재라고 해도 그것들이 모여 나타나는 누적 효과는 아주 컸다.

키가 최대 3.6m에 이르는 긴 풀이 자라는 긴풀프레리에서는 인간과 동물과 식물이 조화롭게 공존했다. 인디언은 불을 놓아 관목을 제거했고 이에 힘입어 풀들이 무성하게 자랐고 이 풀들이 수천 마리의 버팔로를 먹였으며 버팔로는 진흙 웅덩이를 만들어 프레리에 수분을 공급했다.

콜럼버스 이전 시대의 북아메리카에서 사람이 만들어낸 초원은 미시시피 강 동쪽에서부터 로키 산맥까지 끊어지지 않고 죽 뻗어 있었다. 그리고 그 경계선들에서 동쪽과 서쪽으로 나아가면 연속성이 사라지고 풀만 약간 자라는 불모지들이 군데군데 나타나는데, 캘리포니아 주의 센트럴 밸리, 오리건 주의 윌러밋 계곡과 셰넌도어 계곡, 켄터키 주의 유명한 배런스 등이 그런 곳이다.

유럽인 정착민은 인디언이 불을 질러 만든 초원을 제대로 표현하지 못했다. '초원' 또는 '풀밭'이라는 뜻의 영어 단어 'meadow'는 이러한 언어상의 문제를 보여주는 대표적인 예다. 또 'barren'(불모지), 'opening'(공지), 'desert'(사막) 같은 용어가 종종 사용되었으며, 박식한 체하는 사람들은 '평원' 또는 '들판'을 뜻하는 프랑스어 'campagne(캉파뉴)'에서 빌려온 'champion field(챔피언 필드)'라는 용어를 쓰기도 했다. 'barren'이란 용어는 숲이 없는 땅을 불모의 땅으로 간주하는 영국인의 시각이 반영된 것이다. 또 그레이트아메리카 사막(그레이트플레인스를 둘러싸고 있는 북아메리카의 광대한 건조 및 반건조 기후 지역을 막연하게 지칭하는 말)이란 이름에서 사막을 뜻하는 'desert'는 '버리고 떠나다'란 뜻의 프랑스어 'déserter'에서 유래했는데, 그레이트아메리카 사막이 자연적으로 건조한 지역이 아니라 개간한 뒤에 버려진 땅으로 보였기 때문이다.

긴풀프레리의 동쪽 변경에 해당하는 켄터키 주의 배런스는 처녀림으로 둘러싸인 초승달 모양의 초원으로, 면적은 6000 평방마일에 이른다. 매년 인디언이 불을 지른 이곳은 수천 마리의 버팔로를 먹여 살렸다. 켄터키 주의 초대 연대기 편자인 필슨(John Filson)은 1784년에 "이곳에서 몰려다니는 거대한 버팔로 떼를 본 여행객은 그 크기와 수에 놀라움과 공포에 사로잡힌다"라고 기록했다. 정착민이 몰려오고 인디언이 쫓겨나자마자 정기적으로 발생하던 들불은 멈추었고, 많은 버팔로가 사냥당해 죽어갔으며, 땅은 금방 나무로 뒤덮였다.

탐험가들이 애팔래치아 산맥을 넘어가자 불모지들은 광대한 풀의 바다로 변했는데, 프랑스 탐험가들은 그 생태계를 '초원'을 뜻하는 라틴어 프라툼(pratum)에서 따와 프레리(prairie)라고 불렀다. 에스파냐인은 그것을 사바나(savannah)라고 불렀지만, 그레이트플레인스에 정착한 사람들은 대부분 북쪽에서 왔기 때문에 프레리라는 이름이 널리 쓰이게 되었다. 초원을 뜻하는 영어 단어 'grassland'는 20세기에 들어와서야 사용되기 시작했다.

숲 지역에서는 동물들이 땅속에서부터 우듬지 꼭대기에 이르기까지 다양한 서식지에 적응해 살아간다. 반면 초원 지역에서는 수직 방향으로는 서식지 환경 변화가 그다지 크지 않기 때문에 서식지의 차이는 주로 수평 방향으로 군데군데 나타나고, 각 장소마다 서로 다른 교란의 흔적이 남아 있다. 그레이트플레인스의 식생은 풀과 광엽 초본(잎이 넓은 초본식물)이 표준적인 비율로 섞여 있는 게 아니라, 장소에 따라 큰 차이가 있다. 프레리에는 약 250종의 식물이 살고 있다. 리틀블루스템 같은 일부 식물은 초원 전체에 퍼져 살아가는 일반섭식자이지만, 특수한 조건에서만 살아가는 식물들도 있다. 식물 종은 크게 긴 풀, 짧은 풀, 긴 광엽 초본, 짧은 광엽 초본으로 나눌 수 있다. 이 식물들은 같은 생태 공동체 안에서 살아가며, 프레리 생활에서 받는 스트레스에 대해 각각 다른 반응을 보인다. 프레리의 좁은 구역을 가까이에서 살펴보면, 몇몇 공통적인 풀이 지배적으로 자라면서 그 뿌리들이 촘촘한 지하 그물을 이루고 있고 그 사이사이에 광범위한 간극 식물 종들이 살고 있다.

 프레리의 식물들에게 큰 영향을 미치는 대규모 교란은 가뭄과 초식동물과 불인데, 이것들은 장소에 따라 조금씩 다른 식생을 만들어낸다. 가뭄은 짧은 풀보다는 긴 풀에 더 큰 영향을 미치기 때문에 국지적 가뭄이 장기간 계속되면 우점종에 변화가 생길 수 있다. 버팔로와 소는 광엽 초본보다는 풀을 더 좋아하기 때문에 이들 초식동물은 간극식물이 차지할 수 있는 공간을 넓혀준다. 일부 지역만 태우는 불은 많은 간극식물을 죽이고 불이 났을 때 꽃이 핀 일부 종의 종자를 없앰으로써 일부 풀이 세력을 넓히게 해준다(그렇지만 많은 풀은 씨가 불에 타더라도 땅속에서 측면으로 뻗어나가는 순을 통해 번식할 수 있다).

 풀은 땅속에 있는 기관 윗부분까지 말라죽음으로써 스스로를 보호한다. 생장점이 지표면 아래에 있는 것도 불이나 동물에게 뜯어 먹히는 피해를 최소화하는 데 도움이 된다. 풀잎은 나뭇잎과는 달리 윗부분이 잘려 나가더라도 아랫부분이 계속 자라난다. 그래서 뜯어 먹힌 풀은 생장 시기에 잎 조직을 계속 만들어낸다. 버팔로의 진흙 웅덩이나 땅다람쥐 둔덕, 프레리도그 타운, 오소리 굴 같은 소규모 교란은 겉보기에 균일해 보이는 이 경치에 온갖 다양한 서식지들을 만들어낸다.

그레이트플레인스의 강수량은 늦봄과 초여름에 잠깐 동안 몰아치는 심한 폭우가 대부분을 차지하지만, 유타 주 북부 지역은 겨울과 초봄에 내리는 눈이 강수량의 대부분을 차지한다. 프레리에 내리는 비는 대부분 식물에 들러붙었다가 증발하거나 지면으로 떨어지는데, 이 때문에 지면은 떨어지는 빗방울에 직접 부딪히는 충격을 받지 않는다.

빗물 중 일부는 지면 위로 흘러가지만, 대개는 식물이 빗물의 흐름을 방해한다. 지면 위에 떨어진 빗방울은 중력이나 모세관 작용 또는 기압 차(흙 속의 공간에도 공기가 채워져 있는데, 이 지면 아래의 기압은 지면 위의 기압보다 더 느리게 변한다) 때문에 흙 속으로 스며들 수 있다. 그러나 이것들은 약한 힘이다. 물과 공기 사이의 증기압 차이 때문에 물 분자는 대개 땅속으로 스며드는 대신에 증발한다. 땅속으로 스며든 빗방울은 촘촘하게 뻗어 있는 뿌리계에 흡수된다. 반건조 기후에서는 빗방울이 뿌리계 밑까지 스며들어가 지하수를 보충하는 일이 드물다.

프레리는 불뿐만 아니라, 풀을(어쩔 수 없을 경우에는 광엽 초본도) 뜯어 먹는 초식동물 무리와 함께 진화해 왔다. 미국의 초원에는 한때 약 6000만 마리의 버팔로가 살았던 것으로 추정되지만, 큰 무리를 지어 사는 버팔로 때문에 다른 초식동물들이 살지 못했던 것은 아니다.

루이스는 1805년 봄에 그레이트플레인스를 지나가면서 "끝없이 뻗어 있는 공동의 초원에서 버팔로, 말코손바닥사슴, 사슴, 영양이 엄청난 무리를 이루어 풀을 뜯고 있다"라고 묘사했다. 루이스와 클라크는 큰 동물을 100마리 이상 죽였다고 보고했는데, 그중에는 말코손바닥사슴 29마리, 사슴 28마리, 버팔로 17마리, 큰곰과 아메리카곰 15마리, 염소와 큰뿔영양 몇 마리 그리고 '사자'도 한 마리 포함돼 있었다. 여기서 말한 염소와 사자는 사실은 로키산양(mountain goat)과 퓨마(mountain lion)를 가리킨다. 이 두 종은 산악 지역에서 살아가기 때문에 영어 이름 앞에 산(mountain)이 붙게 되었는데, 실제로는 사냥꾼들 때문에 산악 지역에 격리돼 살아가게 된 것이다. 로키산양은 지금은 아주 높은 낭떠러지에서나 볼 수 있지만, 200년 전에는 서부 평원을 돌아다녔다. 마찬가지로 말코손바닥사슴 역시 지금은 고산 초원 지대에서 여름을 나고 겨울에는 산기슭으로 내려오지만, 1805년 당시에는 프레리에서 풀을 뜯었다.

그렇지만 초식동물 중에서는 버팔로의 수가 압도적으로 많았다. 버팔로는 아메리카들소라고도 하며 학명이 비손 비손

(Bison bison)으로 소과 동물이지만, 아프리카물소나 아시아물소하고는 직접적인 관련이 없다. 버팔로는 프레리에서 많게는 수백만 마리가 무리를 지어 주기적으로 풀을 뜯어 먹었는데, 한곳에서 1~2주일 동안 풀을 뜯다가 풀이 모자라면 다른 곳으로 이동했다.

버팔로는 몸집이 아주 컸다. 다 자란 수컷은 몸무게가 1000kg을 넘었고, 어깨에 솟은 혹까지의 높이가 약 195cm나 되었다. 체중의 대부분은 앞쪽의 거대한 머리와 튼튼한 어깨와 목 근육에 쏠려 있는데, 이러한 구조는 풀에 쌓인 눈을 걷어내는 데 유리하다. 특이하게 긴 등뼈는 엉덩이로 갈수록 활처럼 구부러지면서 좁아진다. 털가죽은 눈보라를 막아준다. 머리 위에는 검은 털이 텁수룩하게 자라 후드처럼 덮고 있고, 나머지 몸은 곱슬곱슬한 갈색 털로 뒤덮여 있다. 몸 앞부분에 난 털은 평생 가지만, 뒷다리와 엉덩이 부분에 난 털은 매년 3월부터 털갈이를 시작한다. 초여름이 되면 엉덩이 뒷부분은 거의 맨살이 드러나 피를 빨아먹는 벌레들이 아주 좋아한다.

곤충에게 물리는 걸 피하기 위해 버팔로는 날카롭게 갈라진 발굽으로 얕은 웅덩이를 판다. 버팔로의 진흙 웅덩이는 평균적으로 지름이 6m, 깊이가 60cm 정도 되는데, 몸 뒷부분을 진흙탕 속에 담갔다가 햇볕에 말리면 며칠 동안 사용할 수 있는 훌륭한 보호막이 생긴다. 건조한 지역에서는 지름 3m, 깊이 30cm 미만의 마른 진흙 웅덩이 속에서 흙먼지 목욕을 한다. 버팔로가 돌아다닌 평원 지역에는 어디에나 이러한 진흙 웅덩이가 널려 있는데, 이것은 동물들에게 식수를 제공할 뿐만 아니라, 식물들에게 수분을 공급함으로써 독특한 식물 군집을 발달시킨다.

버팔로는 저지대에 진흙 웅덩이를 팠는데, 거기에는 직접 떨어지는 빗물뿐만 아니라 땅 위로 흘러가는 빗물도 모여서 고였다. 이 작은 웅덩이에 고인 물의 운명은 풀 위에 떨어진 물의 운명하고는 아주 다르다. 웅덩이에서 가장 위층에 있는 물만 증발하고, 나머지는 땅속으로 스며들어 지하수면까지 내려간다. 그래서 웅덩이 바닥에서부터 지하수가 있는 곳까지는 흙이 젖어 있다. 모든 진흙 웅덩이는 빗물과 땅 위로 흘러가는 물이 지하수면으로 스며드는 통로였다. 토목 기사는 재충전 연못을 팔 때 지하수 재충전 비율을 높이기 위해 버팔로의 진흙 웅덩이와 비슷한 모양으로 만든다. 유일한 문제는 연못 바닥에 실트층이 계속 쌓여 시간이 오래 지나면 연못을 막아버린다는 것이다. 버팔로의 발굽은 그러한 층이 생기는 것을 막아주었기 때문에 버팔로의 진흙 웅덩이는 완벽하게 설계된 지하수 재충전 연못이라고 할 수 있다.

〰

나무가 없고 정기적으로 불이 일어나는 환경 때문에 프레리의 작은 동물 중에는 땅 밑에서 사는 종이 많았다. 프레리도그도 비버와 마찬가지로 핵심종이다. 즉 생태계를 변화시키고 유지하는 데 중요한 역할을 하고, 보조적인 종들에게 서식지를 제공하는 종이다. 검은꼬리프레리도그는 혼합프레리나 짧은풀프레리 전역에 서식했고, 흰꼬리프레리도그는 일반적으로 짧은풀프레리 서쪽의 고지대에 서식했다. 유타 주와 콜로라도 주, 뉴멕시코 주, 애리조나 주의 짧은풀프레리 고지대에 사는 유타프레리도그와 거니슨프레리도그는 흰꼬리프레리도그와 가까운 종이다. 프레리도그 타운들은 수천 평방마일에 걸쳐 뻗어 있었고, 땅굴 구멍은 에이커당 약 50개가 있었다. 프레리도그의 사회적 구조와 땅굴을 파는 능력은 고도로 발달하여 페스트균만 아니었더라면 초원을 완전히 지배하는 동물이 되었을 것이다(흰꼬리토끼와 마못쥐, 생쥐 그리고 그 밖의 설치류 몇 종도 페스트균의 숙주이다). 프레리도그 사이에서 페스트가 대규모로 발생하는 사례는 오래전부터 관찰되었다.

프레리도그 타운은 지름 약 12.5cm의 터널로 이루어진 지하 미로이다. 길이는 6m 미만에서부터 24m가 넘는 것까지 다양하다. 터널은 대개 뿌리가 뻗어 있는 영역 안에 있는데, 뿌리는 그레이트플레인스의 일부 지역에서는 3~3.6m 깊이까지 뻗어 있다. 땅굴 속에는 움푹 파인 구덩이와 몸을 되돌려 돌아갈 수 있는 방, 풀을 깐 보금자리 등이 있다. 출입구가 하나뿐인 땅굴도 있지만, 여러 개인 땅굴도 있다. 어떤 땅굴들은 땅속에서 서로 연결돼 있지만, 그렇지 않은 땅굴도 있다.

프레리도그는 땅굴 마을인 타운을 만드는 과정에서 심토를 수 톤이나 땅 위로 옮긴 뒤, 표토와 유기물(풀과 뿌리 조각, 똥오줌, 곤충 시체, 그 밖에 살아가면서 생기는 부산물)과 섞음으로써 모래질 세계에 롬(loam. 모래와 점토로 이루어진 흙. 양토라고도 함)을 만들어냈다. 또 포식동물이 다가오는 걸 잘 볼 수 있도록 구멍들 사이의 풀들을 늘 짧게 깎은 상태로 유지함으로써 짧은 풀 식물 군집을 만들어냈다. 새로 자라나는 풀은 주변의 풀보다 더 연하고 단백질 함량이 높았기 때문에 버팔로와 소는 프레리도그 타운 주변의 풀을 좋아했다. 타운 주변의 풀은 항상 짧은 상태로 유지되었기 때문에 들불이 발생하더라도 타운 옆으로 그냥 지나가는 경우가 많았다. 그래서 불에 타지 않고 남은 이 풀밭은 프레리에 식물이 다시 자라날 때까지 토끼와 생쥐를 비롯해 작은 동물들이 먹이를 얻을 수 있는 오아시스가 되었다.

지하의 생활 환경은 그레이트플레인스의 환경보다 더 쾌적한데, 땅굴은 여름에는 시원하고 겨울에는 따뜻하다[1954년에 오클라호마 대학의 윌콤(Maxwell Wilcomb)은 오클라호마 주의 초원 지역에서 지하 1.2m 깊이의 평균온도가 겨울철의 10°C에서 여름철의 27°C 사이에서 변하는 반면, 지표면의 온도는 -23°C에서 49°C까지 큰 폭으로 변한다는 사실을 알아냈다]. 뱀, 흰꼬리토끼, 스컹크, 생쥐, 상자거북, 굴파기올빼미 등은 버려진 프레리도그의 땅굴에 들어가

프레리도그는 프레리의 땅속에 땅굴 마을인 프레리도그 타운을 만든다. 프레리도그 타운은 흙 속에서 물이 빨리 흐르도록 해주어 지하수로 스며드는 빗물의 양을 증가시켰고, 부근의 하천 유량을 늘렸다.

산다. 두꺼비, 도마뱀, 범도롱뇽은 건조한 바람이 부는 시기에 프레리도그의 땅굴을 피난처로 사용한다.

새도 프레리도그의 타운에 이끌리는데, 지면을 얇게 뒤덮고 있는 식물과 듬성듬성 난 풀 사이에서 곤충을 쉽게 찾을 수 있기 때문이다. 심지어 딱정벌레도 프레리도그의 땅굴 바깥에 큰 무리를 지어 모여 살며, 겨울에는 땅굴로 들어가 동결선 아래에서 겨울을 나기도 한다. 토지관리국의 조사에 따르면, 양서류 10종, 파충류 15종, 조류 101종, 포유류 37종이 프레리도그 타운을 먹이를 구하는 장소나 피난처로 사용하며, 이곳에 사는 곤충의 개체군과 다양성도 큰 것으로 밝혀졌다.

비버와 마찬가지로 프레리도그도 설치류이다. 꼬리가 짧은 땅다람쥐인 프레리도그는 몸 길이가 33~43cm이고, 체중은 0.68~1.35kg이다. 다리는 짧고 발톱은 길며, 시각과 청각이 뛰어나다. 또 복잡한 사회 구조를 이루고 있으며, 서로 포옹하고, 털을 골라주고, 10초 혹은 그 이상 입을 벌리고 키스를 나누는 행동을 보인다. 키스는 포옹과 함께 눕는 동작으로 연결되는 경우가 많다. 수명은 8~10년이고, 일부다처제를 바탕으로 한 무리를 지어 사는데, 한 무리는 대개 수컷 한 마리와 암컷 여러 마리, 새끼 대여섯 마리로 이루어진다. 프레리도그의 생식기는 연중 대부분은 휴면 상태에 있지만, 가을부터 수컷의 페니스와 암컷의 자궁이 커지기 시작한다. 짝짓기는 1~2월에 2~3주 동안에 걸쳐 이루어지며, 그 후 양성의 생식기는 다시 오그라들어 휴면기에 들어간다.

프레리도그는 귀여운 동물이지만, 그 생존 전략에는 어두운 면이 숨겨져 있다. 새끼들이 태어나면, 많은 암컷은 다른 암컷의 새끼들을 마구 죽이고 심지어 먹기까지 한다. 이러한 행동이 먹이를 놓고 벌어지는 경쟁을 줄이기 위해 발달한 것인지 아니면 새끼에게 젖을 먹이는 시기에 여분의 단백질을 공급하기 위해 발달한 것인지는 알 수 없지만, 봄철의 4~6주일 동안은 허기에 주린 어미들 때문에 프레리도그 타운은 새끼들에게 공포의 장소로 변한다. 여기서 살아남은 새끼들은 혼자서 살아갈 수 있다. 나이가 많은 프레리도그들은 어린 것들을 중앙의 좀더 안전한 땅굴에 남겨두고 타운의 가장자리로 이동함으로써 그 영역을 넓힌다.

프레리도그는 많은 포식동물의 먹이가 되기 때문에 방어 행동이 발달했다. 독수리, 매, 코요테, 아메리카스라소니, 오소리, 검은발족제비, 뱀은 모두 프레리도그를 잡아먹는다. 포식동물을 발견한 프레리도그는 짖는 소리를 내어 위험을 알리며, 그 소리를 들은 나머지 프레리도그는 모두 둔덕으로 달려가 그 위에 앉아 일제히 짖기 시작한다. 짖는 소리는 모두 10가지가 확인되었는 데, 일반적인 경고음 외에 매가 나타났음을 알리는 소리, 다목적용 경고, 조용히 짖는 소리, 세력권을 주장하는 소리, 다툴 때 내는 크르르 하는 소리, 낄낄거리는 소리, 공포에 질린 비명 소리, 싸울 때 이빨을 드러내면서 으르렁거리는 소리, 이빨을 딱딱 맞부딪치는 소리(이 소리는 다툴 때도 가끔 낸다) 등이 있다.

프레리도그는 주로 채식을 하는데, 특히 개밀과 명아주과 식물을 좋아한다. 그렇지만 구할 수 있는 먹이가 부족할 때에는 프리클리페어선인장에서부터 겉껍질에 가시가 돋쳐 있는 식물에 이르기까지 아무거나 닥치는 대로 먹는다. 메뚜기와 즙이 많은 곤충도 좋아한다. 프레리도그는 맹장의 크기가 위와 비슷하거나 더 크기 때문에 포동포동한 프레리도그 250마리가 먹는 먹이의 양은 체중 500kg인 소가 먹는 양과 비슷하다.

프레리도그 타운에 물이 떨어지면 어떻게 될까? 그 물은 수문학자들이 거대세공(지름이 1mm 이상인 터널)이라 부르는 구멍들이 많이 나 있는 흙에 떨어진 셈이다. 다른 장소에서는 버팔로의 진흙 웅덩이처럼 지표면에서부터 지하수면에 이르기까지 전체 흙이 포화되어야만 물이 지하수면까지 침투할 수 있다. 그러나 거대세공이 있는 흙은 포화되지 않아도 된다. 거대세공이 물이 흙 속을 빨리 통과하도록 해주기 때문이다. '지름길 통과 흐름'이라 부르는 이 과정은 토양과 물에 관한 이론의 기본 전제에서 벗어나는 것이다.

프레리도그의 땅굴은 정상적으로는 뿌리 영역을 지나갈 수 없는 물을 장애물을 통과하여 곧장 지하수면으로 흘러가게 한다. 프레리도그 타운의 토양은 주변 지역보다 수분 함량이 더 높은데, 수문학자들은 토양의 수분 함량이 높을수록 아래로 침투하는 물의 양이 더 많아진다고 말한다. 게다가 그레이트플레인스 지역에 내리는 비는 짧은 기간에 많은 양이 집중적으로 쏟아지는데, 이런 강수 방식으로 쏟아지는 물은 거대세공을 통해 뿌리 영역 아래로 빨리 내려가는 경향이 특히 강하다. 따라서 프레리도그 집단은 끝없이 돌아다니는 버팔로 떼와 마찬가지로 지하수로 스며드는 빗물의 양을 증가시켰고, 그럼으로써 부근의 하천 유량을 늘렸다.

≋

이것이 바로 미국의 광대한 초원이다. 이 넓은 초원은 인디언이 들불을 관리하고, 수천만 마리의 버팔로가 풀을 뜯고, 수십억 마리의 프레리도그가 판 구멍과 버팔로의 진흙 웅덩이가 지하수로 흘러드는 물의 양을 늘려주는, 믿기 어려울 정도로 복잡한 시스템으로 유지되었다. 버팔로와 프레리도그는 비버와 함께 군데군데 서식지를 만들었는데, 그것은 결국 강물의 유량을 늘리는 데 기여했고, 인디언이 정기적으로 지른 불은 초원의 생산성을 유지했다.

이때 오른쪽에서 유럽인 혈통의 미국인이 등장한다. 서부로 떠난 벌목꾼들은 초원에서 버팔로 떼를 만났는데, 그들은 그토록 큰 무리를 이룬 동물은 일찍이 본 적이 없었다. 살아 있는 고기가 그토록 많이 있는 것을 보고서 피에 굶주린 욕망이

끓어올랐을 것이다. 정착민은 혀를 얻으려고 버팔로를 쏘아 죽였다. 고기와 가죽은 죽인 곳에 그냥 버려두어 썩어갔다. 고기와 가죽은 아무 가치가 없다고 여겼기 때문이다. 미개척지의 일기 작가인 헨더슨(Nathaniel Henderson)은 1775년 5월 9일에 켄터키 주의 배런스에 대해 이렇게 썼다. "우리는 낭비적인 살육을 멈추기가 어려웠다…꼭 지켜야 하는 법이 없는 상황에서 우리는 여기에 도착하자마자(설사 그 이전에는 그러지 않았다 하더라도) 사냥감을 미친 듯이 사냥했다." 다시 말해서, 그 동물들은 누구의 소유도 아니었기 때문에 무참하게 죽임을 당했다.

그레이트플레인스의 버팔로 떼는 돈을 노린 상업적 사냥꾼들에 의해 씨가 말라갔다. 수지 타산은 간단했다. 소금에 절인 버팔로 혀를 개당 25센트에 사서 동부 지역의 시장으로 가져가면 개당 50센트에 팔 수 있었다. 무두질하지 않은 새끼버팔로 가죽은 보통 50센트(어린 버팔로 가죽으로 만든 외투를 많이들 입고 다녔는데, 비교적 싼 편이었다)를 받은 반면, 상태가 좋은 어른 버팔로 가죽은 1달러 25센트를 받을 수 있었다. 뼈는 갈아서 농부에게 비료로 팔았는데, 톤당 7~10달러였다. 많은 사냥꾼들이 이익을 극대화하기 위해 혀만 취급했는데, 가죽을 벗기는 것보다는 혀만 잘라내는 편이 노력이 훨씬 덜 들었기 때문이다. 돈이 귀하고 버팔로가 넘치던 시절에 소금에 절인 혀가 든 통과 가죽들을 미주리 강에 정박한 증기선까지 끌고 가는 사냥꾼을 많이 볼 수 있었다.

1839년에 미 육군 지형조사단을 위해 측량 작업을 한 프리몬트(John C. Frémont)는 1836년 이전에 그레이트플레인스를 지나간 여행자는 "항상 거대한 버팔로 떼와 마주쳤다"고 기록했다. 그러나 1840년대에 이르자 버팔로 떼는 눈에 띄게 줄어들기 시작했다. 로(Frank G. Roe)는 권위 있는 연구서 『북아메리카의 버팔로』에서 그레그(Josiah Gregg) 박사의 글을 인용했는데, 그해에 그레그 박사는 이렇게 썼다.

"이미 버팔로가 사라진 지역의 범위를 고려할 때, 현재 버팔로가 풀을 뜯고 있는 광대한 프레리도 버팔로의 완전한 멸종을 막지는 못할 것이다. 옛날 개척자들의 기억에 따르면, 미시시피 강 동부 지역에도 현재 서부의 프레리에서와 비슷할 정도로 버팔로가 많았다. 그리고 과거의 역사를 돌아보면 대서양 연안 지역에도 버팔로가 분포하고 있었다. 심지어 30여 년 전만 해도 현재의 미주리 주와 아칸소 주 대부분에 버팔로가 많이 살았다. 그러나 지금은 미개척지에서 320km 이내 지역에서만 드물게 볼 수 있을 뿐이다."

1842년에 프리몬트는 그레이트플레인스 북부 지역에 살던 수족이 버팔로가 사라지면서 살아가는 데 어려움을 겪는다는 사실을 알았다. 다음 해에 미주리 주 북부에 있던 수족의 큰 마을들은 점점 줄어드는 버팔로 떼를 찾아 플랫 강까지 남서쪽으로 약 800km나 이주했다. 오듀본(John J. Audubon)은 그해에 그레이트플레인스 북부 지역을 여행하면서 프레리가

"문자 그대로 사냥당한 버팔로들의 두개골로 뒤덮여" 있다고 기록했다. 1844년 프리몬트는 버팔로가 "로키 산맥의 동쪽 기슭을 따라…아주 제한된 장소에만" 살고 있다고 기록했다.

1840년대 말에 증기선이 미주리 강을 거슬러 올라 서쪽으로 멀리 몬태나 주까지 사람들을 실어 날랐다. 샌타페이 가도는 뉴멕시코 주까지 연결되었고, 오리건 통로는 미주리 주의 인디펜던스에서 태평양까지 연결되었다. 1849년에는 캘리포니아 주의 금을 찾아 포장마차 4000여 대와 5만 마리의 동물이 오리건 통로를 따라 서쪽으로 여행에 나섰다. 한꺼번에 몰려든 이 여행자들은 초원의 수용 능력을 초과하는 것이어서, 미주리 주와 로키 산맥 사이에 긴 띠를 따라 이들이 지나간 곳은 풀이나 사냥감이 사라지면서 일시적으로 사막으로 변했다. 그레이트플레인스를 지나가는 개척자들은 기회 닿는 대로 버팔로를 죽였고, 지속적인 공격을 받은 버팔로는 여행자들이 지나가는 길에서 사라졌다. 1849년 이후 주요 통로를 통해 그레이트플레인스를 지나간 사람들은 버팔로를 거의 볼 수 없었다.

남북전쟁이 끝날 무렵 텍사스 주 주민들은 야생으로 탈출한 수백만 마리의 롱혼(뿔이 긴 육우종)을 찾아나섰는데, 롱혼의 소유권은 풀을 뜯고 있는 땅의 주인이 누구냐로 결정되었다. 최초의 대규모 소몰이는 1866년에 일어났는데, 25만 마리 이상의 소 떼를 캔자스 주까지 몰았다. 캔자스퍼시픽 철도가 1867년에 애빌린까지 연결되자, 4년 만에 100만 마리 이상의 소가 텍사스 주에서 캔자스 주와 시카고의 가공공장으로 실려가거나, 프레리에서 수확한 옥수수로 살찌우기 위해 아이오와 주, 네브래스카 주, 미주리 주의 농장으로 실려갔다. 소를 실어가는 새로운 운송 경로가 개발되자 종착역은 샌타페이 철도와 만나는 지점인 캔자스 주의 뉴턴, 위치타, 도지시티로 옮겨갔다. 소가 추운 겨울 날씨도 견디며 살 수 있다는 사실을 알게 된 목축업자들은 목축 영역을 콜로라도 주, 와이오밍 주, 유타 주, 오리건 주로 넓혀갔다.

철도가 서쪽으로 뻗어가고 롱혼의 목축 영역이 북쪽으로 확장되자, 상업적인 사냥꾼들은 버팔로의 서식지에서 버팔로를 대량으로 죽였다. 버팔로가 많이 사는 곳에서는 가죽의 질이 가장 좋은 사냥철에 사냥꾼 한 사람당 1000~2000마리의 버팔로를 죽였다. 버팔로 학살은 주요 철도 노선 세 갈래(캔자스퍼시픽 철도, 애치슨-토피카-샌타페이 철도, 유니언퍼시픽 철도)를 따라 일어났다. 1872~74년 이 세 철도 노선은 가죽 137만 8359장, 고기 305만 8294kg, 뼈 1466만 8163kg을 시장으로 실어 날랐다. 샌타페이 노선에서는 도살된 버팔로 시체가 160km나 계속 뻗어 있는 곳을 볼 수 있으며, 남부의 버팔로 서식지는 거대한 도살장으로 변했다고 사람들은 이야기했다. 아직 가죽이 붙은 채 썩어가는 사체들이 수천 평방마일의 넓은 프레리에 잔뜩 널려 있었다. 남아 있는 버팔로 떼는 이제 버팔로 떼만큼이나 큰 무리를 지어 몰려다니는 사냥꾼들에게 쫓기며 작은 무리들로 쪼개져 뿔뿔이 흩어졌다.

백인 사냥꾼은 인디언특별보호구(그 경계선은 1824년에 현재의 오클라호마 주 경계선으로 그어졌다)에서는 사냥을 하지 못하게 돼 있었지만, 그들은 캔자스 주 남쪽 경계선에 진을 치고서 캔자스 주로 넘어오는 버팔로 떼를 모조리 죽였다. 물웅덩이가 있는 곳마다 사냥꾼들이 야영을 하면서 지키고 있었고, 갈증을 느끼고 다가오는 버팔로 떼는 총탄 세례를 받았다. 1874년 무렵 남부 지역에서 거대한 버팔로 떼는 사라지고 말았다.

1880~82년에 노던퍼시픽 철도가 건설되기 이전에는 북부 버팔로 떼의 혀와 가죽을 시장에 내다팔 수 있는 유일한 방법은 옐로스톤 강과 미주리 강까지 운반한 뒤, 거기서 증기선으로 철도 종착역 지점까지 실어가는 것이었다. 1830년부터 매년 최대 10만 장의 무릎덮개가 팔렸지만, 북부 버팔로 떼의 절멸은 1880년대에 노던퍼시픽 철도가 완공되면서 본격적으로 시작되었다.

대다수 미국인이 무슨 일이 일어나고 있는지 실상을 제대로 알기도 전에 북부 버팔로 떼가 사라진 것은 남부 버팔로 떼와 마찬가지로 사냥꾼 한 사람이 하루에 수백 마리의 버팔로를 죽일 수 있었기 때문이다. 그레이트플레인스 지역은 아주 광대하기 때문에 거대한 버팔로 떼가 유한하다고 생각한 사람은 거의 없었다. 인디언은 버팔로가 프레리 깊은 곳에 있는 동굴에서 영원히 흘러나온다고 믿었고, 버팔로 사냥꾼들은 버팔로 떼가 사라지고 있다는 사실을 눈치채지 못했다. 그들은 1885년에도 사냥 준비를 마친 뒤 예정대로 버팔로 사냥에 나섰지만⋯버팔로를 한 마리도 발견할 수 없었다. 1887년 동물학자 호너데이(William T. Hornaday)는 "앞으로 20년 후, 땅 위에서 버팔로 뼈 한 조각, 똥 한 덩어리도 볼 수 없게 되면⋯사람들은 이 동물이 엄청난 무리를 지어 존재한 적이 있었다는 사실을 믿기조차 어려울 것이다"라고 썼다.

버팔로가 학살당하는 동안 프레리의 인디언들*도 버팔로와 땅을 잃었을 뿐만 아니라, 총격전과 질병, 알코올 때문에 죽어가고 있었다. 미국 군대는 남북전쟁이 끝난 뒤, 그레이트플레인스 지역에서 인디언을 쫓아내는 데 주력했다. 인디언 부족들은 전통적으로 지켜오던 종교, 사회, 정부 구조가 와해되고 있었던 반면, 연방정부는 전신과 철도 덕분에 반란이 일어난 곳에 병력과 물자를 신속하게 투입할 수 있었다. 백인은 인디언을 부족과 집단별로 각개격파하여 보호구역으로 강제 이주시켰고, 괭이와 종자를 주면서 농사를 짓고 살아가라고 했다. 이렇게 해서 매년 초원에 일어나던 불이 사라지게 되었다.

버팔로와 인디언이 사라진 초원의 용도는 누가 보더라도 소를 키우는 것이 최선의 선택으로 보였다. 그렇게 키운 소는 철

---

* 북아메리카 중부 대평원 지대인 그레이트플레인스에서 살아간 인디언. 아이오와족, 퐁카족, 히다차족, 크로족 등 20여 종족이 있었는데, 주로 물소 사냥을 하며 이동 생활을 하였다.

도를 통해 동부 지역으로 실어 날라 팔 수 있었다. 필요한 것은 자본뿐이었는데, 그것은 동부 지역과 영국의 투자자들이 제공했다. 서부에는 풀밭과 카우보이가 있었고 동부에는 자본이 있었는데, 철도가 이 둘을 서로 연결해 주었다. 그래서 초원의 풀을 뜯어 먹는 것은 계속되었다.

하지만 소와 버팔로는 그 행동에서 중요한 차이점이 있다. 겨울철에 소는 멍청하게 눈 위에 건초가 없나 하고 찾으며 돌아다니기 때문에 사람이 사료를 주어야 하지만, 버팔로는 무거운 머리와 발굽으로 눈을 파헤쳐 먹이를 찾았다. 풀을 뜯는 습성은 두 종 다 비슷하다. 다만, 버팔로는 광엽 초본보다 풀을 선택하는 경향이 더 강하다.

소와 버팔로가 전혀 다른 행동을 보이는 것은 바로 물을 마실 때다. 야생 동물인 버팔로는 물가에 오래 머물지 않는다. 물가로 다가와 물을 마시고는 금방 떠난다. 반면에 가축화된 지 오래된 소는 물가에 오래 머물면서 초록색 식물이 자라는 연약한 하천 주변 지역을 진흙탕 황무지로 만들어버린다.

다른 주변 지역들과 마찬가지로 하천역(강기슭 지대)은 하천 생태계에서 생산성이 가장 높은 곳이다. 그런데 하천은 버팔로가 물을 마시던 때에는 깨끗하게 흘렀지만, 소의 발굽에 밟히면서 진흙탕으로 변하고 악취를 풍기기 시작했다. 강둑을 따라 시원한 그늘에 몸을 숨기고 살던 물고기들은 피난처를 잃었고, 하천의 수온이 높아지자 용존산소량이 떨어지면서 물

진흙 웅덩이를 만들어 지하수와 하천 유량을 풍부하게 만드는 데 일조하며 프레리의 생태계에서 중요한 역할을 했던 버팔로는 18세기 말 유럽에서 온 인간들의 무차별 학살로 인해 100년도 안돼 멸종 위기에 처했다. 이로 인해 프레리도그 타운과 함께 버팔로 웅덩이가 사라졌고, 프레리의 물은 줄어들기 시작했다.

고기 수도 줄어들었다. 물고기가 알을 낳던 자갈층은 실트로 덮였고, 개구리가 포식동물의 공격을 피할 수 있는 장소도 줄어들었다. 하천의 생물군은 크게 단순화했고, 흙도 이전보다 더 많이 하천으로 흘러들었다.

맨 마지막 희생자는 총으로 사냥하기는 힘들지만 독을 사용해 잡기는 쉬운 프레리도그였다. 말이 프레리도그 타운 위로 달리다가 다리가 부러지는 일이 있었고 소도 종종 그랬다고 하지만, 프레리도그는 땅굴 때문이 아니라 식성 때문에 해로운 동물로 분류되었다. 프레리도그는 타운 주변의 풀을 늘 짧게 깎기 때문에 양이나 소와 먹이를 놓고 직접 경쟁하는 동물로 비쳤다.

1901년에 미국 농무부가 발간한 연감은 프레리도그를 일정 면적의 땅이 먹여살릴 수 있는 소의 수를 50~75%나 감소시키는 해로운 동물이라고 적시했다. 그리고 스트리크닌을 사용해 프레리도그를 죽여 없애는 방법(그 비용은 에이커당 17센트 미만)까지 알려주었다. 1920년에 미국 농무부 연감은 프레리도그가 "생산성이 가장 높은 계곡 땅과 언덕 사이의 평지를 파괴적 활동의 무대로 선택함으로써" 미국의 목축업자들에게 연간 3억 달러의 피해를 입히고 있다고 기술했다. 그 땅들이 어째서 "생산성이 가장 높은지"에 대해서는 일언반구도 없이. 집중적인 화학약제 공격이 시작되었고, 소에게 줄 풀밭을 확보하려는 목적으로 그해에만 13만 2000명이 나서 3200만 에

이커의 땅에 독이 든 낟알을 뿌렸다.

프레리도그 타운에 습관적으로 독을 뿌리는 행위는 그 후에도 수그러들 줄 몰랐다. 오늘날에는 독약 성분으로 스트리크닌 대신에 인화아연을 주로 쓰며, 프레리도그는 여전히 해로운 동물로 분류돼 있다. 국유지에서는 미국 산림청과 토지관리국, 국립공원관리국에서 독을 뿌리는 일을 관장하지만 사유지의 프레리도그는 많은 주에서 해충 및 잡초 방제국이 '관리'하는데, 프레리도그 타운에 독을 살포한 뒤 그 비용을 땅주인에게 세금으로 부과한다.

아이러니하게도 최근의 연구에 따르면, 프레리도그와 소는 서로에게 혜택을 주는 관계인 것으로 밝혀졌다. 혼합프레리에 사는 프레리도그는 안전을 위해 풀의 키를 낮게 유지하는 데 큰 초식동물의 도움이 필요하다. 소를 울타리로 가두어 프레리도그 타운에 접근하지 못하게 하면, 짧은 풀 식물 군집을 유지하기가 어렵다. 키 큰 식물이 포식동물의 접근을 가리게 되면 프레리도그는 큰 위험에 처하게 될 것이다. 한편, 프레리도그의 서식지에서 풀을 뜯는 소는 다른 곳에서 풀을 뜯는 소에 비해 체중이 더 나가는데, 짧게 깎여 더 부드러운 풀은 단백질 함량이 더 높기 때문이다. 뜯어 먹는 풀의 양은 적을지 모르지만 그 질이 높기 때문에 섭취하는 영양가가 모자라진 않는다. 또 프레리도그 타운의 토양은 수분과 유기물 함량이 더 높아 풀이 잘 자라게 해주는 것으로 보인다.

그럼에도 불구하고 토양을 기름지게 하고 지하수를 보충해 주는 이 미천한 설치류에 대한 목축업자들의 뿌리 깊은 반감은 아직도 남아 있다. 프레리도그는 국유지 중 일부에서만 마음대로 살아가도록 방치될 뿐, 사유지에서는 대부분 독살당한다. 프레리도그 타운은 한때 수억 에이커의 면적에 널려 있었지만, 지금은 겨우 200만 에이커의 땅에 드문드문 널려 있을 뿐이다.

들불이 정기적으로 발생하지 않자, 초원의 생산성이 떨어졌다. 몸을 숨기고 먹이를 구할 수 있는 프레리도그 타운이 사라지자, 뱀, 상자거북, 두꺼비, 범도롱뇽, 흰꼬리토끼, 스컹크, 초원뇌조를 비롯해 수십 종의 개체군도 감소하기 시작했다. 또 독수리와 매, 코요테, 여우, 오소리, 검은발족제비는 먹이가 부족하게 되었다. 생물의 다양성이 감소하자 오래된 버팔로의 진흙 웅덩이와 프레리도그 터널은 메워지기 시작했다. 지하수가 재충전되는 양이 감소하자, 하천과 습지에 공급되는 지하수도 줄어들었고, 서서히 그레이트플레인스 전체에서 물이 줄어들기 시작했다.

6

프레리의 개간과 물 부족

자연계가 서서히 해체되는 것과 동시에 프레리는 개간되어 농경지로 변해갔다. 그런데 동부 지역에서 사용하던 전통적인 쟁기로는 프레리의 땅을 갈아엎기가 힘들었다. 떳장이 볏에 들러붙는 바람에 밭을 가는 농부는 두세 걸음마다 멈춰서서 볏에 들러붙은 흙을 떼내야 했다.

1843년에 처음 생산된 디어의 강철 쟁기는 마치 뜨거운 나이프가 버터를 자르듯이 떳장을 파고든다고 소문났다. 긴풀프레리의 깊고 기름지고 돌이 없는 토양은 적긴 하지만 적당한 강수량에 힘입어 세계에서 생산성이 높은 농토 중 하나였다.

긴풀프레리 중 원래 상태 그대로 남아 있는 것은 1% 미만으로 추정되는데, 대부분 묘지 주변과 잊혀진 도로변에 군데군데 남아 있다. 시간이 지나면서 사람들은 긴풀프레리를 거의 다 갈아엎어 키 큰 농작물인 봄밀과 옥수수를 심었다.

프레리는 지면이 편평하여 길이 없더라도 철제 바퀴가 달린 무거운 수레를 소에게 끌게 할 수 있었다. 숲이 전혀 없으니 땅을 갈기 전에 파내야 할 뿌리도 없어 고랑을 길이 1.6km까지 길게 팔 수 있었다.

그레이트플레인스에 정착한 초기 개척자들은 나무가 없어 구할 수 있는 건축 재료는 흙뿐이었고, 연료는 습지의 건초와 버팔로 똥뿐이었다. 그들은 안전한 거처를 만들려고 적당한 강둑을 선택해 구멍을 팠다. 그리고 그 꼭대기를 가로지르며 도리를 놓고, 갈대와 막대로 천장을 덮은 뒤에 뗏장을 덮어 마무리했다. 물이 줄줄 새고 어둡고 연기가 가득 차고 무더운, 땅굴과 비슷한 거처는 비좁을 뿐만 아니라 깨끗하게 유지하기가 힘들었기 때문에 여자들에게는 정말로 지긋지긋한 곳이었다. 그렇지만 이것은 대개 처음 1~2년 동안만 생활하는 임시 거처였고, 뗏장으로 만든 집이 완성되면 그곳으로 옮겨가 살았다.

뗏장 벽돌은 프레리의 풀에 목질 함량이 높아지는 가을에 만들었다. 쟁기로 약 1에이커 면적의 뗏장을 약 7.5cm 두께로 떼어낸 뒤, 벽돌 모양으로 잘라 뗏장이 붙어 있는 면을 아래로 가게 하여 쌓았다. 뗏장집의 벽은 보통 벽돌 석 장 두께로 쌓았는데, 연결 부분이 정확하게 들어맞지 않으면 벽돌들이 흔들거렸다. 뗏장 벽은 처음 일이 년 동안에 내려앉으면서 자리가 잡히기 때문에 창문틀이나 문틀은 틀 위에 15~20cm의 틈을 두고 거기에 넝마나 종이를 채워 넣어 만들었다. 벽이 내려앉으면 틈이 점점 메워져 집이 아늑해진다. 겨울에는 따뜻하고 여름에는 시원한 뗏장집은 주방과 거실, 여러 개의 침실을 갖추어 비교적 우아한 편이었다. 그렇지만 철도가 전국을 가로지르고, 쉽게 조립할 수 있는 목제 가옥을 주문할 수 있게 되자, 흙으로 만든 집은 금방 사라졌다.

끝없이 펼쳐진 프레리의 땅은 정부 소유였지만, 1860년대에 점차 개인의 소유로 넘어가기 시작했다. 1862년에 자작농지법(Homestead Act)이 통과되자, 21세가 넘은 시민은 5년 이상 그 땅에서 거주하면서 토지를 개발하기만 하면 160에이커의 땅을 무상으로 받을 수 있었다.

1862~72년 철도 회사들은 철도 1.6km당 미개발 공유지 20구획을 불하받는 권리를 얻었는데, 전체 면적이 1억 8000만 에이커(미국 본토 면적의 10분의 1에 해당하는)에 이르는 이 땅들은 대부분 그레이트플레인스에 위치했다. 마지막으로 1873년에 통과된 산림개간법은 40에이커의 땅에 나무를 심는 조건으로 정착민에게 160에이커의 땅을 무상으로 주었다. 서경 97° 서쪽에 있는 지역에서는 여름철에 뜨거운 바람이 불어 나

자연계가 서서히 해체되는 것과 동시에 프레리는 개간되어 농경지로 변해갔다.

무가 잘 자라지 않았기 때문에 의무적으로 나무를 심어야 하는 면적은 얼마 후 10에이커로 줄어들었다.

토지를 얻는 것은 비교적 쉬웠지만, 농사를 짓는 것은 쉽지 않았다. 긴풀프레리에 정착한 농민들은 일반적으로 적당하긴 하지만 적은 강수량(그나마 한꺼번에 억수같이 쏟아붓는), 강한 바람, 여름철의 고온, 낮은 습도와 맞서 싸워야 했다. 늦겨울과 초봄에는 강한 바람이 들판을 씽씽 가르며 지나갔고, 여름에는 뜨겁고 건조한 바람이 식물과 토양의 습기를 빼앗아갔다. 그렇지만 토양이 비옥하고 강수량은 옥수수와 밀을 재배하기에 충분했기 때문에 긴풀프레리에 자라던 다년생 식물들은 일년생 곡물로 대체되었다.

혼합프레리에서는 농사의 운명이 불확실했다. 바람과 덥고 건조한 여름뿐만 아니라 강수량도 봄밀이나 옥수수 재배를 보장할 정도로 충분치 못했다. 또 하천도 드물고 간헐적으로 물이 흘러 관개도 할 수 없었다. 수로 근처에 있는 토지는 비교적 경작이 가능한 편이었으나, 강수량 부족을 충분히 보충할 수 있는 정도는 아니었다. 상류 지역의 농민은 개울을 댐으로 막아 여름철에 농경지와 가축에게 물을 계속 공급할 수 있었지만, 하류 지역의 하천은 바닥을 드러냈다.

얼마 후 이 지역에도 동부 지역에서 유행하던 용수권(하천·호수·연못 등에 인접한 토지의 소유자에게 물을 사용할 권리를 인정하는 이론)이란 개념이 도입되었다. 이로 인해 소수의 토지 소유주는 얼마 안되는 서부의 하천을 독점할 수 있었던 반면, 나머지 정착민은 관개를 하지 않는 한 보잘것없는 추수량을 감수해야 했다. 관개를 하지 않은 경우 캔자스 주 서부의 160에이커에서 생산되는 곡물의 양은 일리노이 주나 아이오와 주의 40에이커에서 생산되는 양보다 더 적었다. 용수권으로 값비싼 교훈을 얻은 셈이다.

지상에서 끌어다 쓸 수 있는 물이 모자라자, 농민들은 풍차로 작동하는 펌프(일반적으로 지름이 25cm인 원통들이 달려 있는)를 사용해 지하수를 끌어올렸다. 이것은 한 가족이 근근이 살아가는 데 필요한 소 30마리와 농경지 5에이커에 물을 공급하는 저수지를 채우기에는 충분했다. 기후가 더 건조하고 혹독한 혼합프레리에서 농사를 지으려면, 새로운 농기구와 농작물과 기술이 필요했다.

건지농법(dry farming)은 1870년대 초부터 러시아에서 이주해온 메노파* 교도들을 통해 혼합프레리 정착민 사이에 널리 퍼졌다. 메노파 교도들은 원래 독일인인데, 100여 년 전에 카프카스 지방의 농업 발전을 위해 종교의 자유를 존중하는 조건으로 농업기술자들을 영입하는 예카테리나 대제의 정책에

---

* 16세기에 메노 시몬스가 창시한 기독교 신교의 한 파. 메노파는 삼위일체를 믿으며, 성서를 삶과 신앙의 최종권으로 인정하며, 초대교회의 형태를 모범으로 삼는다. 신앙고백과 관련하여 세례를 중요시하며, 성찬에 대한 상징적 이해를 강조한다.

따라 러시아로 갔다. 그런데 1871년에 그동안 누리던 권리를 박탈당하고 박해를 받게 되자 1890년대까지 수만 명의 메노파 교도가 그레이트플레인스 지역으로 이주했다.

메노파 교도들은 미국으로 오면서 봄밀보다 수분이 덜 필요한 경질의 적색 겨울밀도 가져왔다. 그들은 건지농법에 대해 오랜 경험을 갖고 있었는데, 그해에 농사를 지은 농경지는 그다음 해에는 쉬게 했다. 2년분의 강수량으로 심토에 수분을 충분히 공급하기 위해서였다. 스칸디나비아인, 독일인, 우크라이나인을 비롯해 혼합프레리에서 직접 농사를 짓길 원하는 사람들은 모두 메노파의 농법을 따라하기 시작했다. 경질 겨울밀은 러시아엉겅퀴라고도 부르는 텀블위드와 함께 씨를 뿌렸다. 곧 혼합프레리에서 주요 곡물로 자리 잡았고, 러시아엉겅퀴도 그레이트플레인스 전체로 퍼져나갔다.

그러다가 1878~87년에 기적이 일어났다. 매년 비가 내려 농민들은 점점 더 서쪽으로 농경지를 확대해 나갔다. 미국 공유지 관리국 담당자들과 일반 대중은 뗏장을 뒤집어엎은 것이 기후 변화를 가져왔다고 결론 내렸다. 사람들은 비가 쟁기를 따라온다고 이야기했고, 철과 철도의 강철 레일과 전신선의 금속이 건조 지역에서 자연 전기의 주기를 변화시켜 비가 많이 내리게 되었다는 주장도 믿었다.

비가 많이 내린 이 10년 동안 겨울밀과 가뭄에 강한 수수를 심은 밭이 혼합프레리 전체로 퍼져나갔고, 농민들은 점점 더 큰 기계를 사용해 농사를 지었다. 새로운 장비를 도입할 때마다 곡식을 심고 가꾸고 수확하는 데 드는 노동시간이 크게 줄었고, 기록적인 생산에 우쭐해진 농민들은 백인의 쟁기만 닿으면 모든 땅이 옥토로 변한다고 믿게 되었다. 이처럼 사람들이 낙관론에 젖어 있을 때 강수량 증가는 일시적인 현상으로 끝나고, 복수라도 하듯이 혹독한 날씨가 찾아왔다. 1886년 초에는 아주 심한 눈보라가 몰아쳐 정착민들은 집과 외양간 사이에서 길을 잃고 평원을 헤매다가 얼어 죽기까지 했다. 그해 봄에 동부 지역 사람들과 영국인들이 자금을 지원한 방목축산 산업은 대부분의 소와 함께 죽고 말았다.

1887년에는 가뭄이 닥쳐 1890년까지 계속되었다. 그 다음에는 2년 동안 비가 내리다가 다시 5년 동안 가뭄이 계속되었고, 엄청난 메뚜기 떼가 "저당으로 잡힌 것 빼고는 모든 것을 먹어치웠다." 그렇지만 아직 더스트볼(dust bowl. 흙먼지 폭풍이 불어닥친 미국 중서부 지역. 황진(黃塵)지대라고도 함)은 생기지 않았는데, 다년생 식물이 충분히 살아남아 토양을 꽉 붙들고 있었기 때문이다.

그러나 전체 식물 군집은 회복 불능에 가까운 피해를 입었고, 환상에서 깨어난 정착민들은 옥수수밭에 서 있던 캔자스주의 노새에 관한 이야기를 들려주었다. 날씨가 너무나도 더워 모든 옥수수 알이 터지기 시작하자 노새는 그걸 보고 눈보라가 몰아치는 걸로 착각하여 얼어 죽었다는…. 일부 농민들은 올 때보다 더 적은 것을 갖고 그레이트플레인스를 떠나 동부로 돌아가거나 서해안으로 향했다. 그들은 포장마차에다 "우리는 하느님을 믿었지만, 그레이트플레인스에서 완전히 망했다"와 같은 글귀를 써 붙였다.

 그렇지만 땅을 원하는 이민자들은 혹독한 기후와 환경 따위에는 아랑곳하지 않았고, 혼합프레리를 경작하려는 농민은 계속 몰려왔다. 1900년 무렵에는 약 50만 명이 이 지역에 정착해 살아가고 있었다. 1910년까지 그레이트플레인스 남부 지역 거의 모든 곳에 농민들이 정착했다. 그러나 혼합프레리에서 160에이커의 땅에 농사를 지으며 살아가는 삶은 너무나도 앞날이 불확실한 것이어서, 5년간의 자작농지 의무거주기간은 '굶주림의 시기'라고 불렸다. 1912년에 통과된 새로운 자작농지법은 그레이트플레인스의 현실을 반영하여 의무거주기간을 3년으로 축소했다.

 이 무렵에 일관 기계화 장비(가솔린으로 작동하는 트랙터와 트럭, 수확과 탈곡을 동시에 처리하는 콤바인 등) 덕분에 농부 한 사람이 수천 에이커의 농경지를 관리할 수 있게 되었다. 그러나 이 기계들을 구입하려면 돈이 필요했고, 농부들은 기계를 사느라 얻은 융자금을 갚아나가야 했다. 불행하게도 초기의 콤바인은 수수(밀보다 물이 덜 필요한)를 수확할 수 없었기 때문에 기계를 산 농부들은 밀 생산에 전념할 수밖에 없었고, 빚을 다 갚기 전까지는 다양한 농작물을 재배할 수 없었다. 밀 생산에 과도

하게 의존하다 보니 비가 적게 내리기라도 하면 파산 위기에 처할 수 있었다. 그렇지만 대개는 비가 충분히 내려 밀이 잘 자랐고, 농부들은 경작지 면적을 넓혀갔다.

1914~29 시기를 '대개간 시대'라 부른다. 이 시기는 1차 세계대전 이후의 혼란기에 유럽 시장이 확대되고 새로운 기계들이 도입된 시기로, 개간되지 않은 밭들을 갈아엎어 농경지로 만드는 일이 활발하게 일어났던 시기다. 가장 인기를 끈 쟁기는 한 방향으로만 갈 수 있는 원반 쟁기였는데, 쟁기가 지나간 자리에는 써레질이 더 이상 필요 없을 정도로 곱게 부서진 흙이 남았다. 떳장이 전혀 없으면 흙 속의 유기물이 더 빨리 분해되는데, 새로운 쟁기는 대풍작을 가져오는 데는 도움을 주었지만 토양 구조를 붕괴시키는 데에 한몫을 했다.

프레리의 토양은 원래는 바람에 날려와 쌓인 것이다. 그래서 돌이 섞여 있지 않았다. 바람에 불려와 황토 또는 뢰스(loess)라 부르는 이 흙은 엉김 현상(액체로부터 고체 입자가 분리되어 엉성한 집합체나 부드러운 조각 모양을 형성하는 현상)이 나타나는 게 특징이다. 즉 토양 입자들이 들러붙어 캐비어 덩어리처럼 변하고, 이 덩어리들이 틈 사이로 지나가는 수로를 만들어내 물이 심토로 스며들게 해준다. 가뭄이 오래 계속되면 토양의 엉김력이 감소하는데, 특히 값비싼 장비와 땅을 많이 소유했지만 비가 내리지 않아 부채 상환에 혈안이 된 농부들이 토양을 계속 갈아엎을 경우에는 더욱 심해진다. 엉김현상이 일어나지 않는 곳에서는 토양이 작은 먼지 입자로 분해되고, 그것은 프레리에 부는 강한 바람에 날려 공중으로 쉽게 날아간다.

혼합프레리에서 양질의 땅들이 대부분 개간된 1930년대 초에 밀 가격이 폭락했다. 1929년에 부셸(무게의 단위. 밀의 경우 60파운드, 곧 약 27kg)당 99센트이던 것이 1931년에는 34센트로 떨어졌다. 그리고 비가 오지 않았다. 대공황과 겹친 가뭄은 그레이트플레인스 지역의 농민에게 큰 타격이었다. 마침내 기다리던 비가 내리면 농부들은 손해를 만회할 요량으로 더욱 많은 토지를 개간해 경작했다. 1930년대에 캔자스 주 더스트볼에서만 경작 면적이 25%나 증가했다.

흙먼지가 날리는 것은 비가 충분히 내리지 않아 뿌리계가 자리를 잡지 못했기 때문이다. 뗏장을 갈아엎어 개간한 농경지는 바람이 세게 부는 2, 3, 4월에는 흙을 붙들어주는 것이 아무것도 없었다. 농사는 실패로 돌아가고 버려지는 땅이 늘어났다. 갈아엎은 땅에서는 시속 50km의 바람이 불어야 표토가 공중으로 날아오르기 시작한다. 그렇지만 일단 표토가 날아오르기 시작하면, 시속 25km의 바람만 불어도 더 많은 표토가 공중으로 날아오른다.

처음에는 대부분의 흙먼지 폭풍은 국지적인 수준에 그쳤으며, 농사 실패로 맨땅으로 버려둔 모래질 땅에서만 일어났다. 강수량이 최저 수준으로 떨어지고 평년보다 더 강한 바람이 불어 풍식작용이 광범위하게 일어난 1933년에는 흙먼지 폭풍이 보편적인 현상이 되었다. 어떤 지역에서는 쟁기 보습 깊이의 흙이 바람에 날려간 반면, 어떤 지역에서는 바람에 날려온 흙먼지가 수북이 쌓였다. 오후가 되면 사방이 어두컴컴해 자동차는 전조등을 켜고, 가정에서도 전등을 켜야 했다. 태양은 보라색과 옅은 초록색이 섞인 듯한 색깔로 변했으며, 소들은 씽씽 불어대는 흙먼지 폭풍 속에서 마치 눈보라가 치는 것처럼 서로 몸을 붙인 채 움츠렸다.

1934년에 프레리의 흙먼지는 워싱턴 D. C.에서부터 뉴욕시에 이르는 동해안 지역을 어두컴컴하게 뒤덮었고, 해안에서 800km 떨어진 바다를 항해하는 배에까지 흙먼지가 떨어졌다. 동부 지역의 주민들은 평생 처음으로 그레이트플레인스의 흙 냄새를 맡았다.

1935년 텍사스 팬핸들에서는 흙먼지 폭풍이 시커먼 눈보라를 만들어냈다. 소들은 폐에 먼지가 덕지덕지 끼어 질식사했다. 캔자스 주의 한 주부는 이렇게 기록했다.

"우리가 할 수 있는 일이라곤 먼지 쌓인 의자에 앉아 방 안을 자욱하게 메운 안개 사이로 서로를 쳐다보면서 안개가 소리 없이 천천히 모든 것을 두꺼운 회갈색 담요처럼 뒤덮으며…가라앉는 것을 지켜보는 것뿐이었다."

무슨 이유에서인지 콜로라도 주와 캔자스 주에서는 산토끼가 마구 불어나기 시작했고, 수십만 마리의 산토끼가 가뜩이나 부족한 풀을 놓고 소들과 경쟁했다. 농부들은 일요일에 교회를 다녀온 뒤 흙먼지 폭풍이 불지 않을 때면 막대기와 방망이와 낡은 연장 손잡이 등을 들고 토끼 사냥에 나섰다.

1930년대 이전에 많은 농부들은 약간의 풍식작용은 좋은 것이라고 믿었다. 바람이 흙을 섞어줘 땅을 비옥하게 하는 데 도움을 준다고 생각했다. 그렇지만 긴 가뭄이 계속되는 동안 그들은 풍식작용에 대한 생각을 바꾸게 되었고, 그에 따라 농법도 변하게 되었다. 반반하고 뗏장이 없는 밭에서는 흙먼지가 바람에 쉽게 날려갔지만, 쟁기질을 깊이 하여 고랑이 높은 땅에는 뗏장이 남아 있었고, 작은 식물들은 각각의 고랑 뒤에서 버틸 수 있는 힘을 얻어 강한 바람을 견뎌냈다. 게다가 쟁기질을 해 갈아엎은 흙에는 비가 땅속으로 침투할 수 있는 통로들이 생기기 때문에 지표면 아래의 흙을 축축하게 유지하는 데 도움을 주었다.

1935년 봄부터 연방긴급구제국은 농부들이 농경지를 가는 데 드는 시간과 연료를 보상하기 위해 총 200만 달러를 지급했다. 1937년 여름까지 약 1000만 에이커의 땅이 쟁기질되었고, 풍식작용이 크게 감소했다. 토양보전국은 등고선식 경작과 계단식 경작이 토양의 수분과 수확량을 높인다는 사실을 발견했다. 가뭄에 강한 수수를 밀과 교대로 띠 모양으로 심는 대상(帶狀)재배도 풍식작용을 막는 농법으로 적극 권장했다. 그레이트플레인스 지역의 농부들이 땅을 깊이 갈고, 계단식 경작과 등고선식 대상재배를 병행하자 바람에 날려가는 흙의

풍식작용으로 인한 흙먼지 폭풍의 피해가 늘자 토양보전국은 가뭄에 강한 수수를 밀과 교대로 띠 모양으로 심는 대상재배를 적극 권장했다. 등고선식 경작이나 계단식 경작이 토양의 수분과 수확량을 높인다는 사실을 발견했기 때문이다.

양이 줄어들었다. 게다가 약 2만 평방마일에 이르는 불모지를 정부가 사들이거나 수용하여 경작을 하지 못하게 했다(1947년에 끝난 이 계획으로 생겨난 대표적인 목초지가 캔자스 주의 카이오와 목초지와 시마론 국립목초지이다).

1938년 봄에 비가 다시 돌아왔고, 흙먼지 폭풍의 발생 빈도와 강도가 줄어들었다. 1939년에는 더 많은 비가 내리면서 사막화의 위험이 사라졌고, 다시 농사가 활기를 띠기 시작했다. 한편 더스트볼의 흙먼지 폭풍은 아주 큰 발견을 낳았는데, 충분히 깊이 파고 들어가기만 한다면 혼합프레리와 짧은풀프레리에도 물이 있다는 사실이었다. 서경 105°와 100° 사이에 위치한 오갈랄라 대수층은 사우스다코타 주 남쪽 가장자리에서 시작하여 텍사스 팬핸들 깊숙한 곳까지 뻗어 있는데, 지면 위에서 부족한 것을 지하에서 공급해 준다.

대수층은 물을 많이 함유하고 있는 지하 암석층으로, 물이 채워져 있는 공극들이 서로 연결돼 있다. 공극들이 커서 연결부분이 많으면 물이 쉽게 흘러갈 수 있다. 반면에 공극이 작고 연결이 잘되어 있지 않으면 물이 흐르는 데 제약을 받는다. 대수층에서 물이 흐르는 속도는 투수성(透水性)에 의해 결정되며, 머금을 수 있는 물의 양은 공극률에 의해 결정된다. 화성암의 일종인 현무암은 큰 공극이 아주 많지만, 공극들은 대부분 서로 연결되어 있지 않고 따로 존재한다. 현무암 지층은 공극률은 매우 높지만 투수성은 극히 낮다. 금이 간 화강암 덩어리는 투수성은 높지만 공극률은 낮다. 최고의 대수층은 공극률과 투수성이 높아야 하는데, 모래나 자갈층 또는 균열이 많은 사암층이나 석회암층이 훌륭한 대수층이 된다.

오갈랄라 대수층은 마이오세가 끝날 무렵인 약 500만 년 전에 로키 산맥(그 당시 로키 산맥은 크기가 히말라야 산맥과 비슷했다)에서 동쪽으로 뻗어 있던 널따란 충적평야가 지하에 묻혀 생긴 것이다. 그 당시 기후는 지금보다 더 서늘하고 강수량은 더 많았으며, 높은 봉우리에 있던 큰 빙하들이 산들을 침식하면서 자갈과 암석과 모래로 이루어진 다공질 퇴적물을 만들었고, 그것이 평야 지대로 씻겨 내려갔다. 기후가 점차 따뜻해지자 빙하가 후퇴하면서 침식작용도 줄었고, 리오그란데 강과 페코스 강은 이전보다 더 빠른 속도로 충적평야를 흘러갔다. 이 강들은 점점 깊어지면서 로키 산맥에서 흘러 내려와 오갈랄라 퇴적층으로 흘러가던 물줄기의 방향을 딴 데로 바꾸어 오갈랄라는 재충전 지역과 차단되고 말았다.

강수량이 크게 줄어들자, 토양 입자들이 물이 증발하고 남은 광물질에 의해 서로 들러붙는 교결작용이 일어났다. 이 과정은 포화된 자갈층 위에 두꺼운 방수 지붕을 만들어냈다. 이렇게 해서 오갈랄라 대수층에 물이 갇혀 오늘날까지 보존된 것이다. 비옥하지만 건조한 17만 5000평방마일의 혼합프레리 지표면에서 900~1500m 아래에 온타리오 호와 비슷한 양의 물이 고여 있다.

흙먼지 폭풍이 끝날 무렵, 집에서 직접 만든 풍차 펌프(이걸로는 물을 9m 이상 퍼 올릴 수 없었다)를 사용하는 수준에 머물렀던 관개 기술이 크게 발전했다. 먼저 원심 펌프와 가솔린 기관이 도입되면서 풍차는 천덕꾸러기로 전락하고 말았다. 그리고 값싼 착정기와 우물용 강관이 나오면서 깊은 우물을 파는 게 경제적 타산이 맞게 되었다. 마지막으로 2차 세계대전이 끝난 후 값싼 플라스틱, 고무, 콘크리트 파이프를 이용할 수 있게 되면서 관개시설에 드는 노동력과 비용이 크게 줄었다. 이러한 관개시설은 얼마 지나지 않아 가축의 물통과 채소밭과 과수에 필요한 물뿐만 아니라, 옥수수, 기장, 밀, 목화 같은 환금작물에도 물을 공급하게 되었다.

1935년 텍사스 주 서부의 농부들은 오갈랄라 대수층에서 연간 3500억 갤런(1조 3250억 리터) 이상의 물을 뽑아내 350만 에이커의 농경지에 물을 댔다. 오늘날 오갈랄라 대수층은 1600만 에이커의 농경지에 물을 공급하고 있다.

오갈랄라 대수층에는 약 1000조 갤런(3785조 리터) 이상의 물이 있는데, 이 물은 아주 빠른 속도로 소비되고 있다. 이용 가능한 물 중 이미 절반이 사용된 것으로 추정되며, 현재의 소비 유형이 계속된다면 남아 있는 물은 앞으로 30년 안에 고갈될 것으로 보인다. 오갈랄라 대수층의 물을 뽑아 올려 사용하면서 혼합프레리와 짧은풀프레리의 많은 곳이 농경지로 개간되었다.

한때 프레리를 뒤덮었던 다년생 풀들은 흙을 꽉 붙들어 바람에 날려가지 않게 했고, 내리는 빗물을 붙잡아 잎에서 지면으로 떨어지게 했으며, 그 물이 뿌리계를 통과하면 지하수면까지 이르게 해주었다. 그러나 일년생 농작물이 자라는 관개농지에서는 일 년 중 일부 시기에는 지면이 맨땅으로 남아 있어 스펀지처럼 물을 흡수하는 식물이 없는 땅 위로 흘러가버리는 빗물의 양이 많다. 경작지에 비가 내리면 표토가 씻겨 내려가면 물은 진흙탕이 되어 땅 위에 도랑을 만들며 흘러간다. 미시시피 강은 이렇게 바다로 씻겨 내려가는 표토 때문에 흙탕물로 변한다.

짧은풀프레리는 건지농법을 쓸 만큼 비가 충분히 내리지도 않고 큰 대수층 위에 있지도 않기 때문에 이곳에서는 소규모 농사를 지으면서 살아갈 수 없었다. 그래서 긴풀프레리나 혼합프레리하고는 상당히 다른 방식으로 농업이 발전했다. 인디언과 히스패닉(라틴아메리카계 미국인)은 수백 년 동안 짧은풀프레리에서 관개를 해왔는데, 모르몬교도는 19세기에 서부에서 그것을 모방하여 관개를 했다.

모르몬교도는 평화롭게 종교 생활을 하기 위해 1847년에 유타 주의 그레이트베이슨(Great Basin. 미국 서부 네바다 주에 있는 대분지. 강우량이 적고 대부분 풀밭이어서 목축업이 활발하다) 지역에 정착했다. 수로에 가까이 위치한 땅주인이 물을 마음대로 사용한 나머지 서부 지역과는 대조적으로, 그들의 지도자인 영(Brigham Young)은 모든 물과 목재, 광물을 공동 재산이라고 선언했다. 최초의 모르몬교도 정착촌들은 워새치 산맥 기슭의 계곡에 들어섰는데, 그곳은 연강우량이 375mm를 넘는 경우가 드물었다(워새치 산맥의 연간 강우량은 750~1000mm에 이르렀는데, 그 대부분은 눈으로 내렸다).

농사를 지으려면 관개가 필요했는데, 모르몬교도들은 아주 특이한 방식으로 관개를 했다. 목사의 지휘와 장로들의 지침에 따르면서 노동력과 장비, 일을 시키는 가축을 공동으로 사용해 흙으로 댐을 쌓고 관개 도랑을 파 새로 개간한 수만 에이커의 짧은풀프레리에 물을 댔다. 십일조가 주요 수입 기반이었고, 교회는 노동력을 동원할 수 있는 권위를 제공했다. 절대적인 권위의 통제 아래 노동과 자본이 환상적으로 결합한 결과로 물을 대규모로 이동시키는 공사가 가능했다. 수천 km에 이르는 운하가 건설되었고, 수백 개의 댐이 세워졌으며, 그레이트베이슨은 모르몬교도들이 오래전부터 동경하던 시온의 언덕이 되었다.

이주하고 나서 처음 10년 동안 모르몬교도들은 관개를 기반으로 한 마을을 수백 개나 건설했는데, 거의 다 유타 주에 위치했다. 그 다음 10년 동안에는 유타 주뿐만 아니라 아이다호 주 남부, 네바다 주 남부, 애리조나 주 북부에 관개를 바탕으로 한 공동체가 135개나 더 들어섰다. 그리고 또 그 다음 10년 동안에는 유타 주와 애리조나 주에 마을이 127개 더 들어섰다.

다른 곳에서는 보편적으로 용수권이 인정되었지만, 서부에서는 이것을 그대로 인정할 수 없었다. 그렇게 되면 소수의 토지 소유자가 귀중한 자원을 마음대로 주무를 수 있게 되기 때문이었다. 산에서 금과 은을 파내기 위해 서부로 온 광부들은 광석을 처리하는 데 개울가가 필요했다. 일반적으로 '선착순'이라 부르는 전용의 원칙은 사실상 물을 일종의 사유재산으로 만들었다. 그 물길이 원래의 흐름에서 얼마나 멀어졌느냐에 상관없이, 하천의 물길을 맨 먼저 바꾼 사람이 물이 흐르는 한 그 물을 마음대로 사용할 수 있었다.

일단 소유한 물 사용권은 팔 수도 있었다. 1877년에 통과된 사막개발법은 3년 안에 관개시설을 만든다는 조건으로 정착민에게 짧은풀프레리의 땅을 640에이커씩 주었다. 그 땅이 경방목에 적합했던 것도 한 이유였지만, 이런 법이 통과한 배경에는 도덕적 의무감도 작용했다. 연방정부는 비옥하고 편평하고 기후가 온화한 땅을 최선으로 활용하는 방법은 농작물 재배라고 생각했던 것이다.

동부의 자본가들이 횡재를 노리고 지원해 만든 수자원 개발 회사가 수백 개나 생겨났다. 이 회사들은 대부분 농사에 적합한 지역(강수량 부족은 고려치 않고)인 캘리포니아 주의 센트럴밸리, 네바다 주, 애리조나 주, 콜로라도 주 남부, 뉴멕시코 주에 들어섰다. 수자원 개발 회사는 댐이나 저수지를 만들거나 운하나 도랑을 팠고, 댐이 유실되거나 운하 건설이 어렵게 될 때까지 물을 팔았다.

민간 수자원 개발 회사는 거의 모두 10년 안에 파산했다. 1898년에 열린 8차 전국관개회의에서 콜로라도 주의 한 의원은 쫩은풀프레리를 "짧은 이력 뒤에 그들이 걸어간 길을 가리키는 불이행 채무만 남긴 채 갑자기 사라진…죽은 〔관개〕 회사들의 유골이 부서지고 짓이겨진 채 널려 있는 포도밭"에 비유했다. 민간 기업들은 황량한 서부를 정원으로 바꾸는 데 실패했다. 1889년 당시 서경 100° 서쪽 지역에 있던 관개 경작지는 겨우 5700평방마일에 불과했는데, 그중 절반은 모르몬교도의 땅이었다.

극서부 지역의 주들에서 댐과 저수지, 운하 건설에 재정적 지원을 독려하기 위해 1894년에 통과된 캐리 법안은 연방정부가 최고 1500평방마일의 땅을 양도하는 내용을 담고 있었다. 그러나 그 후 15년 동안 관개되어 주의 소유로 넘어간 땅은 겨우 450평방마일에 불과했다. 그래서 그레이트플레인스와 캘리포니아 주의 황량한 초원은 20세기로 넘어올 때까지 비교적 사람의 손이 닿지 않은 상태 그대로 남아 있었다. 강들은 아주 거대하고, 야생 자연은 너무나도 광대해서 민간 기업의 의욕으로도 정부의 재정 지원으로도 서부의 수로를 길들일 만큼 충분이 큰 댐을 지을 수 없었다.

그럼에도 불구하고 미국인은 계속 서부로 몰려갔다. 1885

년의 '하얀 겨울'과 그 뒤에 잇따라 찾아온 몇 년간의 가뭄에도 서부로 향하는 기차는 늘 만원이었다. 증가하는 서부의 인구를 지원하고, 되풀이되는 재난을 예방하려면 관개농업이 꼭 필요했다. 그래서 1902년에 개간법이 통과되어 미국 정부는 댐 건설이라는 거대한 사업에 적극적으로 뛰어들게 되었다.

7

댐과 연어의 위기

1902년에 개간법을 제정한 목적은 다른 방법으로는 도저히 농사를 지을 수 없는 서부 사막 지역에 공공 자금을 투입해 관개를 하기 위한 것이었다. 1903년 6개의 대규모 관개 계획이 승인되었고, 개간법으로 설립된 토지개간국은 네바다 주에서 사실상 아무도 거주하지 않는 지역에 관개를 하기 위해 트러키-카슨 댐 건설을 시작했다. 1905년에는 애리조나 주 피닉스 근처를 흐르는 솔트 강에서 루스벨트 댐 건설이 시작되었다. 이 댐은 계곡 벽에서 잘라낸 암석으로 건설했으며, 건설 노동자는 20여 년 전에 제로니모 무리에서 떨어져 나온 아파치족과 소수의 멕시코인, 목장과 화물열차에서 모집한 떠돌이들이었다.

총 비용 1050만 달러를 들여 1911년에 완공된 루스벨트 댐은 세계에서 가장 높은 석조 댐이었다. 암반에서 84m 높이로 우뚝 솟은 이 댐은 강물의 흐름 방향에 대해 상류 쪽으로 활처럼 휘어지게 설계했다. 토지개간국의 창의성과 추진력, 댐의 우아한 설계는 온 세계를 놀라게 했다. 물을 값싸고 풍부하게 공급할 수 있게 되자 솔트 강 계곡의 초원은 곧 농경지로 변했고, 피닉스는 사막의 대도시로 성장했다.

솔트 강에 들어선 루스벨트 댐 다음에는 보이시 강에 그보다 더 높은 애로록 댐이 건설되었고, 리오그란데 강에는 엘리펀트뷰트 댐이 건설되었다. 그리고 콜로라도 주의 거니슨 강의 물길을 언컴파그레 계곡으로 돌리기 위해 화강암과 셰일을 파내면서 거니슨 터널을 뚫었다. 1919년에는 모두 26개의 개간 계획이 각각 다른 공정 단계에서 추진되고 있었다.

새로 관개된 땅에는 대개 알팔파나 밀, 목화, 건초용 목초를 심었는데, 이것들은 모두 값싼 작물이라 비관개 지역에서 재배하는 게 훨씬 수지 타산이 맞았다. 캘리포니아 주의 상추와 오렌지를 제외하고는, 사막에서 재배한 작물로 돈을 많이 번 농부는 없었다. 간접비 비중이 높았고, 긴풀프레리에서 비관

* 아파치족의 지도자. 아파치족의 영역이었던 미국 남서부의 애리조나 주와 뉴멕시코 주에 이주해 오는 백인에 도전하였고, 1876년 이래 백인 마을을 자주 습격하였다. 1886년 붙잡혔다가 석방된 뒤에는 농민으로 살았다.

개 작물을 재배하는 것보다 짧은풀프레리에서 관개 작물을 재배하면서 먹고 살기가 더 어려웠다. 예를 들면 풍년이었던 1917년의 농무부 조사 결과에 따르면, 일리노이 주의 옥수수지대 농부들은 평균 870달러의 수입을 올렸고, 펜실베이니아 주의 체스터 카운티 농부들은 789달러의 수입을 올렸지만, 유타 주의 솔트레이크 계곡의 관개 농지에서 농사를 지은 농부들은 겨우 417달러의 수입을 올렸다.

그럼에도 불구하고, 사막을 개간한다는 생각은 아주 매력적으로 보였기 때문에 20세기의 처음 수십 년 동안 미국에서 가장 우수한 공학도들이 토지개간국으로 몰려들었다. 개간 계획에 드는 비용은 처음에는 서부의 국유지를 매각하여 조성한 수입으로 충당했고, 건설 비용은 물을 농부들에게 팔아서 얻는 수입으로 천천히 갚아나가기로 했다.

계획의 규모가 점점 커지면서 설계와 건설에 드는 비용도 불어났다. 그렇지만 농부들은 물값을 댈 만큼 돈을 충분히 벌지 못했고, 얼마 지나지 않아 댐 건설 비용을 물 사용료로 회수할 가능성은 전혀 없다는 게 명백해졌다. 예를 들면, 토지개간국이 40년간에 걸쳐 추진한 컬럼비아 강 개발 계획의 비용과 농부들이 낸 물값의 차액은 1980년까지 전체 비용의 96.7%를 국가에서 보조금을 지원해 메워야 했다. 그렇지만 댐은 돈을 벌려고 건설한 것이 아니었다. 그것은 사람이 거주하지 않는 땅에 농부와 문명을 정착시키기 위해 건설한 것이었다. 땅을 갈고 작물을 심고 가축을 키우는 곳이 좋은 땅인 것처럼, 댐을 건설하고 수로를 만들고 제방을 쌓은 강이 좋은 강이었다. 공학적 견지에서 볼 때 댐은 수력발전뿐만 아니라, 홍수 조절, 관개 용수와 식수 공급까지 해결할 수 있는 훌륭한 다목적 건설 계획이었다. 계곡마다 메워주길 기다리는 구멍이 있었고, 제대로 활용되지 않고 그냥 바다로 흘러가버리는 물은 낭비라고 생각했다.

댐은 1930년대까지는 수로에 일반적으로 조금밖에 영향을 미치지 않았다. 홍수가 조절되고 퇴적물이 갇혔지만, 댐을 세운 강은 자연적인 성격 중 일부를 그대로 지니고 있었다. 계절적인 유량 변화는 이전보다 두드러지진 않았지만 그래도 분명했고, 저수지는 비교적 규모가 작아 제한된 거리 안에서만 하천의 수로에 영향을 미쳤다.

그러나 1930년대에 들어서부터 대형 댐 건설과 전체 유역에서 여러 개의 다목적 계획을 집단적으로 추진하는 것이 자연을 지배하는 미국 공학의 상징처럼 되었다. 미국 최초의 완전 통합 유역개발계획이 추진된 곳은 테네시 강 유역이었고, 얼마 후 다른 곳들도 그 뒤를 이었다. 1936년 토지개간국은 후버 댐을 건설해 콜로라도 강을 막았는데, 후버 댐은 중국의 만리장성처럼 달에서도 맨눈으로 보인다는 말이 나돌았다.

토지개간국은 워싱턴 주에서 컬럼비아 강 유역을 집중적으로 개발했다. 컬럼비아 강으로 흘러드는 지류에는 이미 8개의 댐이 건설돼 있었는데, 1930년대에 토지개간국은 컬럼비아 강 자체에 댐을 건설하기로 결정했다. 장소는 빙하 퇴적물이 쌓인 그랜드쿨리라는 지점으로 정했다. 그랜드쿨리 댐은 1942년에 완공되었다. 캘리포니아 주의 센트럴 밸리에서도 야심만만한 계획이 진행 중이었고, 1950년 이전에 미국 서부의 하천에는 지구상의 그 어떤 지역보다도 더 큰 댐들이 많이 들어섰으며, 그러고도 댐 건설이 계속 추진되었다.

정부와 민간 기업들은 미국 내에 약 5만 개의 댐을 건설했다. 그중 1000여 개는 공학자들이 '초대형 공사'라고 부르는 것으로, 콜로라도 강, 컬럼비아 강, 스네이크 강, 테네시 강처럼 이전에는 절대로 길들일 수 없다고 생각한 강들을 틀어막는 거대한 규모의 공사였다. 미주리 강과 그 지류에는 모두 60개의 댐이 있고, 테네시 강에는 25개의 댐이 있다. 왜 우리는 이렇게 많은 댐을 건설한 것일까?

1930년대에 유역개발계획을 추진할 때는 하나의 개발계획에는 상류에서부터 하구에 이르기까지 1600여 km의 자연 지형에 댐과 운하, 관개시설을 종합적으로 건설하는 계획이 포함되는 게 보통이었다. 루스벨트 행정부와 트루먼 행정부 시절에는 댐 건설과 관개공사계획 수십 개를 한꺼번에 추진하는 옴니버스식 하천개발계획이 여러 건 통과되었다. 경제적 가치는 중요치 않았다. 설사 관개공사계획이 아무런 소득이 없다 하더라도 같은 유역에 건설한 수력발전 댐이 손실을 만회할 만큼 충분한 수입을 만들어낼 수 있었기 때문이다.

1905~91년의 86년 동안 토지개간국은 저수지 339곳, 댐 154곳, 관개 운하 1만 2300km, 파이프라인 1870km, 터널 430km, 펌프장 267곳, 수력발전소 52곳을 건설했다. 180억 달러의 건설 비용을 쏟아부어 1만 4000평방마일이 넘는 농경지에 물이 공급되어 서부는 발전과 번영을 누리기 시작했다. 물은 농경지의 생산성을 크게 높여주었고, 개간 옹호론자들은 공공 관개를 부를 낳는 기적의 원천이라고 보았다. 그렇지만 치러야 할 대가는 만만치 않았다.

〰

대형 댐은 하류 지역의 강에 절대적인 영향력을 행사한다. 수로는 전력 생산과 홍수 조절, 용수 공급을 위해 관리되기 때문에 하천계는 완전히 공학적으로 운영되어 그 수위는 계절에 관계없이 높고 강우량과 상관없이 변한다. 자연적으로 일어나는 큰 홍수나 수온 변화, 퇴적물 운반은 억제된다. 대신에 일상적으로 흐르는 배경 방류에 비자연적인 방식으로 빠른 흐름의 요동이나 갑작스런 주기적 흐름 변화 같은 것이 중첩되는 일이 종종 일어난다. 그래서 느린 흐름의 수위는 더 높아지고 빠른 흐름의 수위는 더 낮아지며, 매년 주기적으로 하천을 청소하고 영양 물질을 날라주던 홍수도 사라진다.

후버 댐이 완공돼 가자 요동치는 콜로라도 강의 진흙탕 물에서 살아가도록 적응한 물고기들은 경쟁상의 이점을 잃게 되었다. 곱사연어와 보니테일처브에게는 근육질로 된 혹이 있어 대부분의 물고기를 휩쓸어가 버리는 물살에 버티거나 강을 거슬러 올라가는 데 도움이 되었다. 그런데 댐이 완공되자 그 혹은 거추장스러운 존재로 전락하고 말았다. 콜로라도 강 하류에 건설된 8개의 댐과 강바닥의 방향을 바꾸려는 야심찬 준설 계획은 콜로라도 강에 고유하게 서식하던 물고기 8종을 멸종 또는 멸종 위기로 몰고 가는 데 큰 영향을 미쳤다. 일종의 보상이라고나 할까, 대신에 얼룩메기와 무지개송어를 강물에 풀어놓았는데, 이들 물고기는 잘 번식하며 살아갔다.

댐이 건설된 하천계에서는 물이 흘러가는 데 시간이 더 오래 걸리며, 물에 운반돼 온 퇴적물과 유기물은 거의 전부 저수지에 쌓인다. 물속에 유기물이 적으면 수생 생태계를 유지하는 데 지장이 생긴다. 또 천연 하천은 퇴적과 침식의 동역학적 균형을 통해 유지되기 때문에 퇴적물이 없는 물은 강바닥의 침식을 심화할 수 있다. 댐에 실트가 갇히면 하류 쪽으로 수십 km까지 침식작용이 심하게 일어난다. 예를 들면, 콜로라도 강 하류에 들어선 후버 댐 아래쪽에서는 약 160km의 수로에서 수백만 m^3의 퇴적물이 씻겨 내려갔고, 수로의 경사가 눈에 띄게 완만해졌다. 수로가 완전한 갑옷으로 무장하고 안정되기까지는(암반과 호박돌로 뒤덮인 곳으로 변하기까지는) 20여

후버 댐의 완공을 시작으로 콜로라도 강에 건설된 8개의 댐과 강바닥 준설 작업으로 물고기 8종이 멸종되고 말았다. 대형 댐은 이렇게 강 하류 지역에 절대적인 영향력을 행사한다.

년이 걸렸다.

물은 하천을 흐르는 동안엔 잘 섞이고 산소도 잘 통하지만 저수지에 고이면서는 층별로 분리되기 시작한다. 찬물은 가라앉고 따뜻한 물은 솟아오르기 때문에 저수지는 일반적으로 여름 내내 층별 분리 상태를 유지한다. 식물성 플랑크톤은 저수지 수면 근처에서 증식하면서 산소를 내뿜어 물은 산소로 포화된다. 그렇지만 물은 잘 섞이지 않고, 햇빛은 수면에서 몇 m 아래 이상은 통과하지 못한다. 죽은 식물성 플랑크톤이 바닥에 쌓이면 그것을 세균이 분해하는데, 그 과정에 산소를 소비하기 때문에 저수지 바닥의 용존산소량은 아주 낮은 반면 유기물과 염분 함량은 높다. 가을이 오면 저수지의 물이 뒤집힌다. 수면 근처의 물은 온도가 낮아져 가라앉고, 상대적으로 온도가 높은 바닥의 물이 수면으로 올라온다. 이젠 영양분이 많고 염분이 높고 용존산소량이 적은 물이 수면 근처에 머물고, 영양분이 적고 염분이 낮고 용존산소량이 많은 물이 바닥에 머물게 된다.

댐은 물을 저수지 꼭대기나 바닥에서 내보내도록 설계돼 있다. 방수로가 아래쪽에 있는 댐은 여름철에는 영양분이 많고 염분이 높고 용존산소량이 적은 물을 강으로 내보내지만, 가을에는 영양분이 적고 염분이 낮고 용존산소량이 많은 물을 내보낸다. 저수지 아래쪽의 강에서는 수십 km까지 열 경사와 화학 경사가 변화 없이 유지된다. 자갈층이 남아 있는 곳에서는 실트가 쌓이고, 고유 어종들은 도입된 어종들에 밀려난다. 수질은 기묘한 방식으로 변하고, 하천의 일일 수온 변화가 사라진다. 하루 중 하천의 수온은 겨울에는 4°C 정도, 여름에는 11°C 정도 변한다. 그러나 저수지에서는 일일 수온 변화가 있다 하더라도 대개 0.5°C 미만에 그친다.

이러한 변화들은 땅 위에서 살아가는 우리는 눈치도 못 챌 정도로 사소한 것으로 보이지만, 물속에서 사는 종들에게는 엄청난 변화로 다가온다. 예를 들어, 수온은 많은 수생 곤충의 알이 부화하는 데 결정적인 영향을 미친다. 여러 종의 하루살이는 부화하는 데 특정 온도 조건이 세 가지 필요하다. 알의 발달을 촉진하는 데에는 어는 점에 가까운 수온이 필요하고, 알이 부화하는 데에는 급속한 수온 상승이 있어야 하며, 유생의 생장을 자극하려면 최소한 18°C의 수온이 몇 달 동안 계속되어야 한다. 그런데 댐 아래쪽에 있는 하천의 수온이 일정하면, 곤충이 생활사를 완성하는 데 필요한 열적 자극을 받지 못해 물고기가 잡아먹을 유충이나 곤충이 사라지게 된다.

유역을 댐으로 가로막아 빠르게 흐르면서 소용돌이치고 산소가 많이 녹아 있는 자유로운 강물 대신에 호수와 저수지에서 흘러나온 물이 흐르게 되면, 강에 사는 종들이 사라지게 될 것이다. 시간이 한참 지나면 댐으로 가로막은 강의 전체 수생 생태계는 호수 생태계와 비슷한 것으로 변해갈 것이다. 게다가 강을 댐으로 막으면, 바다에서 성장한 뒤 산란을 위해 강으로 회귀하는 물고기들도 사라지고 말 것이다.

≈

태평양연어는 넓은 바다에 살다가 산란을 위해 강으로 돌아오는 물고기 중 하나이다. 예전에는 그런 어종이 아주 많았다. 베벌리(Robert Beverly)는 1705년에 출판된 『버지니아의 역사』에서 "청어와 샤드고기가 버지니아의 강에 너무 많이 올라와서, 말을 타고 강을 건널 때 이 물고기들에 부딪히지 않기가 어려울 정도였다"라고 썼다.

1851년에 스택(William Stack)은 아버지가 "메리맥 강에서 물속에 손을 집어넣기만 하면 닿을 정도로 샤드고기를 아주 많이 보았으며, 에일와이프(북아메리카산 청어류)는 그것보다 더 많았다"라고 보고했다.

예수회의 일기 작가인 자이스베르거(David Zeisberger)는 1780년대에 오논다가의 시내에서 뱀장어들이 넘칠 때면 한 사람이 하룻밤 사이에 창으로 천 마리도 잡을 수 있다고 기록했다. 뱀장어는 대서양으로 흘러가는 강에서 자란 뒤에 넓은 바다로 가서 산란을 하는 어류이다. 산란기가 되면 뱀장어는 긴 여행을 위해 자기 몸무게의 3분의 1에 해당하는 지방을 축적한 뒤 수천 km를 헤엄쳐 버뮤다 섬 남쪽에 있는 사르가소 해까지 간다. 그리고 거기서 알을 낳고, 얼마 후에 죽는다. 알에서 깨어난 암컷은 민물로 되돌아오고, 수컷은 바닷물이나 약간 짠물에서 평생을 지낸다.

중앙 대서양 연안주들*의 강에는 바다에서 올라온 길이 1.5m, 무게 최대 45kg의 줄무늬농어가 샤드고기, 에일와이프, 대서양연어와 함께 넘쳐나던 시절이 있었다. 그리고 철갑상어는 정기적으로 내륙 쪽으로 돌아오곤 해 8월의 보름달을 철갑상어 달이라 불렀다. 민물고기 중 가장 큰 철갑상어 중에는 200살까지 사는 것도 있으며, 큰 것은 길이가 6m, 무게가 900kg이나 나간다(나이는 고막에 생기는 나이테로 알 수 있는데, 러시아의 바이칼 호수에 사는 철갑상어는 큰 것은 무게가 1000kg에 이르며, 300살까지 산다고 한다. 그렇지만 개인적으로는 표트르 대제 시대에 살던 물고기가 지금까지 살아 있다는 것은 참 믿기 어렵다). 산란을 위해 강으로 돌아오는 일부 어종은 단 한 번만 알을 낳고 죽지만, 철갑상어는 알을 낳고 바다로 돌아갔다가 몇 년에 한 번씩 다시 알을 낳으러 돌아온다. 철갑상어 알은 캐비어 재료로 최고이며, 부레는 한때 부레풀 창문(이것은 날씨에 변화가 생기면 저절로 내려와 닫혔다)을 만드는 데 쓰였다.

오대호의 철갑상어는 몸집이 아주 컸는데, 20세기로 넘어올 무렵 산란을 위해 돌아오는 철갑상어들은 상업적인 낚시꾼

---

* 뉴잉글랜드 지방과 남부 사이에 위치한 델라웨어 주, 메릴랜드 주, 뉴저지 주, 뉴욕 주, 펜실베이니아 주, 워싱턴 D. C.를 말하며, 때로는 버지니아 주와 웨스트버지니아 주도 포함시킨다.

들에게 손쉽게 붙잡혀 거의 사라졌다. 18세기 후반부터 대서양연어도 지나친 남획으로 사라지기 시작했다. 오늘날 살아남아 있는 대서양연어는 200년 전에 살던 것보다 훨씬 작다. 옛날의 한 작가는 캐나다의 그랜드코드로이 강에서 무게가 18kg이나 나가는 대서양연어가 종종 잡혔다고 보고했다. 오늘날 이곳에서 잡히는 대서양연어의 평균 몸무게는 겨우 2kg에 불과하고, 가장 큰 것도 11kg을 넘지 않는다.

산란을 위해 강으로 돌아오는 물고기들이 운 좋게 상업적인 낚시꾼들을 피했다 하더라도, 이번에는 댐이 기다리고 있었다. 동부의 강들은 온갖 종류의 공장을 운영하던 기업가들이 건설한 댐들을 통해 미국의 산업혁명 초기에 동력을 공급했다. 작은 하천에도 댐들이 속속 세워졌는데, 19세기 전반에 기업가들은 큰 하천들을 차지해 댐을 세웠고, 목재상들은 거대한 통나무 운반을 위해 수위를 높이려고 강을 댐으로 막았다. 뉴잉글랜드 지방의 주들은 연어를 보호하는 법을 만들었지만, 연어가 댐을 뛰어오를 수 없었기 때문에 아무 쓸모가 없었다. 1870년대에 이르러 대서양연어는 사실상 거의 사라졌지만, 메인 주의 법전에는 연어 어장을 통제하거나 보존하는 법이 433개나 실려 있었다.

1890년 대서양연어가 사라져가는 것에 불안을 느꼈던지 워싱턴 주의 초대 주의회는 "식용어가 평소에 거슬러 올라가던 장소에 있는" 댐들에 물고기 사닥다리 같은 이동통로 설치를 의무화하는 법을 통과시켰다. 19세기의 마지막 20년 동안 연방 수산업 법안들도 통과되었는데, 이 법안들 역시 댐들에 이동하는 물고기들이 지나갈 수 있는 대책을 마련할 것을 요구했다. 그럼에도 불구하고 1940년까지 워싱턴 주의 컬럼비아 분지를 흐르는 야키마 강에 물고기 사다리가 설치되지 않은 댐이 8개나 건설되었고, 이 때문에 강으로 돌아오는 연어의 수가 연간 600만 마리에서 9000마리 수준으로 줄어들었다. 그랜드쿨리 댐은 컬럼비아 강 상류 분지를 흐르던 연어 산란 하천들을 1600km 이상 마르게 함으로써 이 지역에서 '6월의 돼지'라는 별명으로 불리던 전설적인 왕연어 회귀를 사라지게 했다.

산란을 위해 강으로 돌아오는 어류 중 가장 많이 연구된 연어는 보이지 않는 하층류에서 아름답게 헤엄치면서 별 힘들이지 않고 나아가는데, 짧은 거리는 자동차보다도 더 빨리 헤엄칠 수 있다. 왕연어는 태평양연어 중 가장 큰데, 큰 것은 몸무게가 56kg, 몸길이가 1.5m에 이른다. 나머지 네 종 중 작은 것은 몸무게가 9kg, 몸길이는 60cm 정도이다. 옛날에는 연어가 아주 풍부했다. 컬럼비아 강에는 매년 약 1600만 마리나 되는 연어가 돌아오곤 했다.

어린 연어는 넓은 바다에서 동물성 플랑크톤과 작은 물고기, 오징어를 잡아먹으면서 살아간다. 연어는 길이 1600km에 이르는 북태평양 해류를 따라 매년 정기적으로 이동하는데,

그 이동경로는 해류와 기후, 해저 바닥의 지형에 따라 결정되며 해와 별에도 영향을 받는다. 연어는 시력이 아주 좋으며, 압력파도 느낄 수 있어 해류를 이용해 항해할 수 있다. 심지어 지구 자기장도 항해에 이용하는 것으로 알려져 있다. 지금은 물고기가 이동할 때 탐험과 학습을 바탕으로 여행하는 것으로 밝혀졌다. 그리고 새로운 서식지가 생기면 물고기는 금방 그것을 차지하고 살아간다.

연어가 넓은 해양에서 먹이를 찾아 돌아다니며 1만 6000km 이상을 여행한 뒤 4~5세가 되면 몸무게가 충분히 늘어나 산란을 위해 내륙 쪽으로 향한다. 봄에 산란을 하는 연어도 있고, 가을에 하는 연어도 있다. 자신이 태어난 시내로 돌아가기 위해 내륙 쪽으로 3000km나 헤엄쳐가는 연어도 있다. 많은 물고기와 마찬가지로 연어도 후각에 크게 의존한다. 다른 연어 종과 성을 냄새로 구별하며, 냄새 표지를 이용해 자신의 위치를 파악한다. 자신이 자라난 시내에 살던 식물과 수생 동물의 냄새를 기억하고, 그 냄새를 좇아 산란 장소로 돌아간다.

연어의 삶은 결코 순탄하지 않다. 오늘날 산란을 위해 태어난 강으로 돌아가는 물고기로 살아가는 것은 말할 수 없이 고달픈 삶이다. 예를 들어 연어가 자기가 태어난 시내로 찾아가기 위해 컬럼비아 강을 거슬러 올라가야 한다면, 우선 보너빌 댐을 지나가야 한다. 물고기들은 댐 밑에서 물고기 사다리를 오를 차례가 오길 기다리며 빙빙 돈다. 저수지에서 곧장 떨

댐은 연어처럼 강으로 회귀하는 어류에는 치명적인 영향을 미친다. 돌아오는 길목을 가로막으며, 통로가 있다 해도 산란과 보육의 장소로 꼭 필요한 자갈층을 파괴하기 때문이다.

어지는 기묘한 수질의 물속에서 이렇게 한참 동안 기다려야 한다. 보너빌 댐의 사닥다리를 올라가면 따뜻하고 고요한 물이 60여 km 뻗어 있는데, 이것은 댐이 생기기 전에 흐르던 차갑고 산소가 풍부한 급류나 강물하고는 성격이 완전히 다른 물이다. 보너빌 댐을 오르고 나면, 그 다음에는 댈즈 댐, 존데이 댐, 맥내리 댐이 기다리고 있다. 각각의 댐에는 물고기의 이동을 가로막는 거대한 장애물과 헤치고 나아가야 할 큰 호수가 기다리고 있다. 그게 끝이 아니다. 그 다음에는 프리스트 래피즈 댐, 베벌리 댐, 록아일랜드 댐이 줄지어 늘어서 있다. 컬럼비아 강은 더 이상 강이 아니라 고인 물이 모여 있는 일련의 호수들이기 때문이다.

댐 하나가 건설될 때마다 한쪽에서는 물고기가 산란하는 시내가 깊은 물속에 잠기고, 다른 쪽에서는 자갈이 침식된다. 한 강에 댐을 너무 많이 건설하여 하류 쪽의 강바닥이 너무 많이 파여 나가면, 강에 사는 물고기들이 보금자리를 만들 자갈층이 얼마 남지 않게 된다. 긴 여행을 한 연어는 필요하면 한 산란 장소 위에 또 다른 산란 장소를 파며, 한 마리가 약 5000개의 알을 낳고 수정시킨다.

새끼연어는 자갈 사이에 만든 산란 장소에서 두 달쯤 지나면 알에서 깨어난다. 알에서 갓 깨어난 유생은 배에 붙어 있는 난황낭의 영양분을 완전히 소비할 때까지 자갈 사이에서 지내며, 그 단계를 지나야 비로소 새끼물고기로 인정받는다. 새끼

연어는 통나무 뒤나 바위 밑에 숨어 지내다가 재빨리 먹이를 낚아채고는 다시 은신처로 숨는다. 물살이 가장 약한 시내 바닥 근처에서 혼자 헤엄을 치며 여행하고, 소용돌이에서 휴식을 취하면서 에너지를 아낀다. 자라면서 점차 시내에서 은신처를 찾는 법과 포식동물을 알아채는 방법을 배우게 되는데, 물이 얕은 곳에서는 아무런 보호도 없는 상태에서 물살 속에서 헤엄을 치기보다는 잠수하여 자갈 사이에서 지낸다. 연어는 자갈층 밑으로 파고드는 재주가 뛰어나 때로는 지하로 흐르는 물줄기를 따라 우물과 샘물로 흘러가는데, 그것을 본 사람들은 하늘에서 떨어졌나 하고 깜짝 놀란다. 새끼연어는 강에서 1년 정도 산 뒤 짠물에서도 살 수 있는 은빛 연어로 변신하여 '2년생 연어'(smolt)가 되는데, 그러고 나면 즉시 바다를 향해 여행에 나선다. 이때가 연어의 일생에서 가장 위험하고 불확실한 시기이다.

  층별로 분리돼 있는 저수지는 수면 근처의 수온은 어린 연어에게 치명적인 반면, 깊은 곳의 차가운 물은 대개 용존산소량이 적다. 호수에 사는 물고기들에게는 저수지가 좋은 보금자리이지만, 어린 연어에게는 지나가기 힘든 장벽이 될 수 있다. 2년생 연어가 저수지를 무사히 통과하고 나면, 이번에는 목숨의 위험을 무릅쓰고 수력발전 터빈을 지나가야 한다. 하천의 수위가 낮은 해에는 바다에 도착하기까지 7~8개의 댐에 있는 터빈을 지나가야 할 때도 있는데, 그 과정에서 95%가

죽는다.

 수위가 높은 해에는 어린 연어들이 터빈을 피해갈 수 있지만, 댐의 방수로를 넘어가는 물은 상당한 높이를 곤두박질치면서 공기를 붙들기 때문에 과량의 질소가 물속에 녹아든다. 질소로 과포화된 물속에서 헤엄치는 어린 연어는 잠수병에 걸린 것과 비슷한 증상으로 죽어갈 수 있다. 피부 밑에 질소 거품이 생겨나고, 눈에서 출혈이 일어나고, 때로는 내부 기관이 터지기도 한다. 1970년에 컬럼비아 강과 스네이크 강의 용존 질소량이 143% 과포화 상태에 이르렀을 때, 미국 수산청은 하류로 이동하던 연어와 스틸헤드송어 중 약 70%가 바다에 닿기 전에 질소 과포화로 죽었다고 추정했다.

 삼림 파괴도 태평양연어의 서식지 환경을 악화시켰다. 숲이 사라진 곳을 흐르는 하천에는 수온이 더 높아지고, 쓰러진 통나무가 만들어내던 조용한 웅덩이와 여울이 사라져 어린 물고기의 먹이 자원이 감소한다. 연어는 비버와 함께 공진화해 왔는데, 컬럼비아 강 유역에서 애스터(John J. Astor)가 비버 가죽으로 큰돈을 벌기 전에는 비버 연못은 연어가 생애의 초기를 보내는 장소이자 성공적으로 자랄 수 있는 중요한 요인이었다. 태평양 북서부 지역의 강들에 댐들이 건설되면서 연어의 개체수가 급격하게 감소한 것은 놀라운 일이 아니다.

 이 복잡한 환경상의 문제들을 해결할 수 있는 방안으로 나온 것이 물고기 부화장이었다. 미국 최초의 연어 부화장은

1871년에 컬럼비아 강에 만들어졌다. 그리고 1900~30년 컬럼비아 주에서 방출한 치어의 수는 매년 2500만~9000만 마리에 이르렀다. 정부 관계자들은 물고기 부화장에 대한 믿음이 아주 확고하여 1915년에 올림픽 반도의 엘와 강에 댐을 건설할 때 물고기 사닥다리를 설치하는 대신에 엘와 부화장을 설치했고, 그 후 몇 년 동안 화이트새먼 강, 치헤일리스 강, 엘와 강에 건설한 댐 때문에 희생당하는 물고기를 보충하기 위해 부화장을 일곱 군데 더 설치했다. 처음에는 매년 200만 개의 알을 채취해 수조에서 부화시켰지만, 몇 년 지나지 않아 엘와 댐 아래쪽에 있는 웅덩이에 물고기가 한 마리도 살지 않게 되었다. 워싱턴 주 수산국은 1922년에 엘와 부화장을 폐쇄했다.

  1930년대에 캐나다의 수산생물학자들은 부화장에서 홍연어를 아무리 많이 방출하더라도 상업적 어획량이나 야생에서 산란하는 홍연어의 수가 전혀 늘어나지 않는다는 사실을 발견했다. 캐나다는 태평양연어 부화장을 모두 폐쇄했고, 서해안에 있던 미국의 부화장도 상당수 폐쇄되었다. 그러나 워싱턴 주 수산국은 그 네트워크를 확대했다. 1958년 워싱턴 주는 25개 양식장 중 첫번째 양식장을 열었다. 천연 호수를 이용해 갇힌 장소에서 물고기를 대량으로 기르는 이 계획은 1966년 무렵에 폐기되었는데, 양식장에서 자란 물고기 중에서 산란을 하러 돌아오는 물고기가 거의 없었기 때문이다. 그런데 선택

된 지역을 연어 양식장으로 준비하려고 모든 야생 물고기를 독으로 죽였다. 그래서 실패로 끝난 양식장은 단지 수백만 달러의 예산만 낭비한 게 아니라, 여러 종의 야생 연어가 강으로 돌아오는 것도 사라지게 하고 말았다.

부화장은 계속해서 매년 수천만 마리의 연어를 방출했고, 돌아오는 연어의 수는 계속 줄어들었다. 1992년 센트럴워싱턴 대학교의 심리학 교수인 티비에티(Terry Tivietti)는 연구를 통해 그 이유를 알아냈다. 부화장에서 자란 물고기는 강바닥에서 자란 새끼물고기보다 야생에서 살아가는 법을 제대로 배우지 못한다. 콘크리트 탱크 속에서 살아가는 부화장의 물고기는 살아가는 데 별다른 위험을 경험하지 못한다. 그래서 먹이를 찾아 떼를 지어 수면 위로 올라가는가 하면, 나머지 시간에도 무리를 지어 헤엄을 친다.

이와는 대조적으로 하천에서 자란 물고기는 수십 종이나 되는 포식동물의 공격을 피해 살아가는 법을 터득해 몸을 숨기며 살고, 먹이를 재빨리 낚아챈 뒤 다시 은신처로 숨는다. 그리고 홀로 헤엄을 친다. 바위와 통나무를 이용해 에너지를 절약하는 법도 알고, 변화가 심하고 복잡한 물살 속에서 헤엄을 치는 기술을 갈고 닦는다. 그러나 부화장에서 자란 물고기는 이런 것들을 전혀 배우지 못한다. 부화장에서 자란 물고기를 야생에 풀어놓는 것은 텔레비전만 보고 잘 먹으면서 자라 살만 통통 찐 어린이를 야생의 숲에 풀어놓고 혼자서 살아가라고 하는 것과 같다.

부화장의 물고기가 지닌 또 하나의 문제점은 유전학적인 것이다. 지난 수십 년 동안 하천에서 살아가는 물고기가 상상 외로 유전학적으로 훨씬 풍부하다는 사실이 발견되었다. 한때 야생에는 연어 어종이 약 1000종이나 있었는데, 지금은 그중 106종은 멸종했고, 314종은 멸종 위기에 처해 있다. 인간은 소수의 유전적 변이를 세상에 도입하지만, 연어는 유전학적으로 제각각 독특한 자손을 수천 가지나 남기며, 그중에서 어른이 될 때까지 살아남는 자손이 가장 우수한 어종이 된다. 따라서 연어 종들은 비교적 빨리 현지 환경에 적응한다. 일반적으로 강에서 각 부분마다 독특한 종의 연어가 거기에 적응해 살아가며, 강으로 돌아오는 어른 연어는 모두 한 배에서 태어난 형제들 중에서 가장 우수한 개체이다.

부화장 환경은 연어에게 과보호를 제공하기 때문에 부화장에서 자란 연어는 유전학적 선택 과정을 전혀 거치지 않는다. 부화장에서 자란 연어 수백만 마리를 풀어놓는 것은 야생 연어에게는 큰 재앙이다. 모두 같은 먹이를 놓고 경쟁을 벌여야 하기 때문이다. 부화장에서 자란 연어는 야생 연어에 비해 어른이 될 때까지 살아남을 가능성이 훨씬 낮지만, 경쟁 때문에 야생 연어도 큰 부담을 받게 된다.

댐과 서식지 훼손, 남획, 부화장 때문에 워싱턴 주, 오리건 주, 아이다호 주, 몬태나 주의 이전 서식지 중 40% 이상에서 태평양연어가 사라졌다. 10억 달러를 들여 추진한 연어 되살리기 계획에도 불구하고 1944년에 컬럼비아 강과 그 지류들로 돌아온 연어는 겨우 250만 마리에 불과했고(그중 200만 마리는 부화장에서 자란 연어이고, 야생 연어는 50만 마리), 그 수는 계속해서 줄어들었다.

산란을 위해 강으로 돌아오는 물고기들은 바다에서 축적한 영양분을 강에 공급하여 전체 먹이 사슬을 풍부하게 한다. 이런 물고기는 대개 오소리나 독수리 같은 육식동물과 곰이나 사람 같은 잡식동물의 밥이 된다. 식물도 그 혜택을 받는데, 물고기는 뼈 속에 식물의 생장에 꼭 필요한 영양소 중 하나인 인을 농축해 놓기 때문이다. 큰 동물의 똥에 섞인 물고기 찌꺼기, 땅 위에 남겨진 물고기 시체와 뼈는 현재의 내륙 토양에 부족한 영양소를 공급해 주었다.

산란을 위해 돌아오는 물고기의 수가 줄어들자 육식동물은 먹이가 부족하게 되었고, 먹이사슬의 밑바닥에 위치한 녹색 식물들은 생장에 필요한 인이 부족해졌으며, 사슴과 말코손바닥사슴은 뜯어 먹을 새순이 부족해졌다. 그렇다고 해서 파국이 닥친 것은 아니다. 하지만 물고기가 돌아오지 않자 나머지 생물들도 배불리 먹으면서 행복하게 살아가기가 어려워졌다.

8

홍합과 악어 그리고 공병대

전 세계의 민물에 사는 홍합 종 중 약 3분의 1(약 300종)이 미국에 살고 있는데, 자주색 여드름, 세뿔 사마귀 등, 두툼한 지갑, 안경집, 텁수룩한 가발, 발뒤꿈치를 베는 핑크색 조개, 부풀어 오른 꽃, 와카모 대못 등 재미있는 이름이 붙은 게 많다. 길이가 최대 25cm에 이르는 민물홍합은 강바닥에 구멍을 파고 그 속에 들어가 지낸다. 먹이를 먹을 때에는 껍데기를 조금 열고 외투막(연체동물의 내장낭을 싸고 있는 근육질 막. 석회질 등을 분비하여 조개껍데기를 만든다)을 물속으로 내밀어 불순물을 걸러 먹이를 섭취하고 물을 깨끗이 한다.

대부분의 홍합 종은 성장 속도가 느리고 오래 산다. 많은 종은 성숙하는 데 6년 정도가 걸리고, 수명은 15년에서 50년까지 다양하다. 일부 종은 바다에 자갈이 깔려 있고 물살이 빠른 시내를 좋아하지만, 호수의 진흙 바닥을 좋아하거나 물살이 느리고 실트가 깔린 강을 좋아하는 종도 있다. 특히 미국에서는 민물홍합이 자신의 생태적 지위를 아주 성공적으로 차지하여, 한때 시내와 호수, 강 바닥에는 홍합이 빼곡하게 들어차 물을 정화해 주었다.

홍합은 어른이 되고 나면 이동을 잘 하지 않지만, 어릴 때에는 한동안 물고기의 지느러미나 아가미에 붙어산다. 암컷은 유대류처럼 주머니가 있는데, 글로키디움(glochidium, '갈고리'란 뜻)이라 부르는 홍합의 유생은 그 속에 들어 있다가 물속으로 나간다.

유생은 적당한 물고기에게 얼른 들러붙어야 하기 때문에 진화 과정에서 물고기를 꾀기 위해 다양한 전략을 발달시켰다. 어떤 종은 매력적인 신체 부위를 흔들면서 물고기를 가까이 오도록 유인하고, 어떤 종은 자신을 지렁이나 작은 물고기로 착각하게 만든다. 일단 안전하게 물고기의 몸에 들러붙은 유생은 거기서 물고기의 체액이나 피를 빨면서 자라 변태 과정을 거쳐 어른이 된다. 그렇게 해서 다 자라고 나면 물고기의 몸에서 떨어져 나와 하천 바닥에 구멍을 파고 들어가 독립하여 살아간다.

이런 방법을 통해 홍합은 물고기의 이동력을 이용해 전체 유역으로 퍼져나가면서 살 수 있는 모든 서식지에 자리 잡았다. 그러다보니 어떤 홍합은 특정 숙주 물고기에 종속해 살아가도록 적응했다. 예를 들면 노란모래조개는 민물꼬치고기한테만 붙어산다. 민물꼬치고기는 한때 아주 풍부하게 존재했으나, 어부들이 민물꼬치고기가 상업적 가치가 있는 물고기의 씨를 말린다고 하여 마구 잡아 없애는 바람에 그 수가 크게 줄어들었다(근거가 없는 이야기는 아니다. 민물꼬치고기는 자기 몸무게의 10배나 되는 물고기를 먹어치우기 때문이다). 민물꼬치고기의 수가 줄어들자 노란모래조개의 수 역시 줄어들었다.

일부 홍합이 특정 물고기에 의존해 살아가도록 적응한 것처럼, 특정 홍합에 의존해 살아가도록 적응한 물고기도 있다. 양머리돔은 억센 턱을 가진 큰 물고기로, 턱과 목에 난 크고 편평한 이빨은 조개껍데기를 부수고 그 살을 먹는 데 편리하다. 홍합이 이런 식으로 산산조각날 때 수천 마리의 유생이 퍼져나가면서 부모를 잡아먹은 양어리돔의 몸에 들러붙는다.

민물홍합은 짠물에 사는 사촌인 굴처럼 진주를 만든다. 미국의 하천에 사는 다양한 종의 홍합들은 껍데기에 생기는 다양한 색조의 진주층으로 흰색에서부터 상아색, 핑크색, 노란색, 주황색, 자주색, 구리색, 빨간색, 청동색, 파란색에 이르기까지 광범위한 색깔의 진주를 만들어낸다.

오늘날 가장 유명한 민물 진주는 혼슈 섬 중앙에 위치한 비와 호수에 사는 홍합들이 만들어내는 회백색의 일본 진주이다. 덩어리진 이 바로크(울퉁불퉁하고 일그러진 모양의 진주) 진주는 섬세한 민물 진주의 아름다움을 한껏 뽐낸다. 둥글고 반투명하게 보일 정도의 광채를 발하는 최고 품질의 민물홍합 진주는 바다에 사는 굴에서 채취한 최상의 진주보다 더 많은 광채를 내뿜는다.

북아메리카 인디언은 식량과 진주, 조가비 구슬을 얻으려고 민물홍합을 잡으면서 홍합이 많이 살던 강변에 패총(조개더미)을 남겼다. 인디언이 사라지자 민물홍합은 그 수가 크게 불어났고, 북아메리카의 수로는 민물홍합으로 뒤덮였다. 그래서 민물홍합과 그 진주는 오랜 기간 아무 방해도 받지 않고 계속 성장해 갔다.

홍합은 그렇게 활발한 움직임을 보이진 않지만, 껍데기를 살짝 열고 있을 때 외투막에 뭔가가 닿으면 껍데기를 아주 세게 꽉 닫기 때문에 작대기 끝으로 홍합을 강바닥에서 손쉽게 끌어올릴 수 있다. 1857년 어느 목수가 뉴저지 주 패터슨 근처의 노치 강에서 잡은 홍합 속에서 93그레인[*]의 우아한 핑크색 진주를 발견했다. 지름이 1.25cm가 넘고 완전한 구형에 가까운 그 진주는 '퀸 펄(Queen Pearl)'이란 이름이 붙었는데,

---

[*] grain. 진주의 무게 단위. 64.799mg에 해당하며, 1캐럿은 200mg이므로 3.086 그레인에 해당한다.

티파니 사에서 그것을 1500달러에 구입해 3분의 2의 이윤을 붙여 프랑스의 외제니 황후에게 팔았다. 곧 횡재를 노리는 사람들이 노치 강과 그 주변의 하천으로 몰려왔다. 약 5만 달러어치의 진주가 발견되고 수km 이내 있는 모든 홍합을 열어젖힌 뒤에야 열기가 좀 가라앉았지만, 그 뒤에도 19세기가 끝날 때까지 약 10년마다 한 번씩 진주 찾기 열풍이 불곤 했다.

쿤즈(George F. Kunz)가 쓴 『북아메리카의 보석과 원석』(1892)에 따르면, 농부들도 농한기에는 진주 채취에 나서곤 했다고 한다. 19세기 후반에 버몬트 주의 몬트필리어에서 발견된 진주 하나가 300달러(금 15온스에 해당하는 가격)에 팔리자, 폭발적으로 일어난 진주 찾기 열풍 때문에 버몬트 주의 모든 하천에서 홍합이 사라지다시피 했다. 테네시 주의 머프리즈버러에서 발견된 핑크빛 진주는 150달러에 팔렸고, 텍사스 주의 강들에서 발견된 진주들은 최고 250달러에 팔렸으며, 19세기의 마지막 수십 년 동안 아칸소 주에서는 약 1만 명이 진주 채취에 나섰다.

1870년대에 오하이오 주의 리틀마이애미 계곡에서 인디언이 남긴 패총을 발굴하던 두 인류학 교수는 민물 진주를 약 6만 개(구멍이 뚫린 것과 뚫리지 않은 것을 합해)나 발견했는데, 그중 상당수는 구형이었고, 지름은 0.25~1.25cm로 다양했다. 그 진주들은 썩어서 상업적 가치는 없었지만, 이 발견에 자극을 받은 사람들은 오하이오 주의 하천들을 샅샅이 훑었다. 1878

미시시피 강에는 원래 이런 민물홍합이 가득했다. 19세기 말 진주단추 산업이 시작된 후 미시시피 강에서는 민물홍합이 사라졌다.

년 오하이오 주의 웨인스빌에서는 약 3000달러어치의 진주가 채취되었다.

1889년 여름에는 위스콘신 주 남서부 하천들에서 어두운 핑크빛, 자주색을 띤 빨간빛, 구릿빛, 금속성 초록빛을 띤 진주들이 많이 발견되었고, 석 달 뒤에는 뉴욕 시에서 위스콘신 주 진주들이 1만 달러어치나 팔렸다. 1890년 런던에서는 위스콘신 주 진주 93개로 이루어진 세트가 1만 1700파운드에 팔렸고, 1904년에 미국산 민물 진주 38개로 만든 목걸이가 파리에서 50만 프랑에 팔렸다. 8년 뒤 위스콘신 주의 하천에서는 약 30만 달러어치의 진주가 나왔고, 위스콘신 주의 많은 수로에서 홍합은 거의 사라졌다.

미시시피 강에는 한때 진주를 만드는 홍합들이 많이 살았으며, 또 거의 모든 홍합 종의 껍데기는 진주 단추를 만드는 데 쓸 수 있었다. 미시시피 강에서 홍합을 사라지게 만든 것은 바로 진주 단추 산업이었다. 1891년 뵈플레(Johannes Boepple)라는 독일인이 아이오와 주의 머스커틴에서 미시시피 강변에 조그마한 진주 단추 공장을 세우면서 조가비로 단추를 만드는 산업을 개척했다. 3년 안에 홍합 채취업자들은 머스커틴 근처의 폭 270m, 길이 2.4km 정도 되는 강에서 조개껍데기를 약 1만 톤이나 채취했고, 그곳에서 홍합이 바닥나자 채취 장소를 다른 곳까지 확대했다. 1897년까지 길이 267km에 이르는 강 일대에서 채취 작업이 이루어졌다.

원자재가 풍부하고 수요도 늘어나자, 진주 단추 공장이 그 지역 여기저기에 생겨났다. 이 공장들은 처음부터 떠돌이 조개 채취업자들에게서 원재료를 공급받았는데, 이들은 낡은 배를 타고 홍합이 있는 곳을 찾아다녔다. 조개 채취업자들은 강변에 세운 임시 야영지에서 거주하면서 일을 했고, 강바닥이 훤히 드러날 때까지 그곳에 임시 가공 공장을 차려놓고 채취한 홍합을 처리했다. 진주 단추 공장들은 특정 종의 껍데기들만 받아들였지만, 조개 채취업자의 전체 수입 중 약 3분의 1은 진주가 차지했으므로 채취업자들은 종에 상관없이 무조건 커다랗고 납작한 팬에 조개를 마구 쓸어 담았다. 진주를 빼낸 뒤에 살은 버리고 껍데기를 씻어 공장에 갖다 팔았다.

처음에 홍합을 채취할 때에는 다 자라서 껍데기가 큰 것만 채취했다. 그렇지만 몇 년이 지나자 평균적인 크기가 작아졌고, 결국에는 아주 작은 홍합만 남게 되었다. 이제는 두세 마리를 잡아야 이전의 한 마리와 비슷했지만, 공급이 딸리자 가격이 치솟아 조개 채취업자들은 더욱 채취에 열을 올렸다. 한 지역에서 홍합이 완전히 고갈되어 조개 채취업자들이 다른 곳으로 옮겨간 뒤에도 현지 주민이 푼돈을 벌기 위해 고갈된 홍합을 주기적으로 채취했기 때문에 홍합은 다시 이전의 상태를 회복할 수가 없었다.

20세기로 넘어올 무렵 미시시피 강 상류를 따라 아이오와 주, 일리노이 주, 미주리 주, 위스콘신 주에는 진주 단추 공장이 모두 60개 있었고, 2000여 명의 노동자가 그곳에서 일했다. 이 공장들은 대부분 절단 가공 공장으로, 대충 단추 모양으로 잘라낸 반제품을 뉴욕을 비롯해 동부의 도시들로 보냈고, 그곳에서 완성품으로 만들었다. 1898~99년 겨울에 아이오와 주 르클레어의 한 조개껍데기 구매상은 조개껍데기 1000톤을 뉴욕으로 선적했는데, 그것은 홍합 약 1000만 마리를 잡아야 얻을 수 있는 양이었다. 1901년에 자동화 기계가 도입되자 수요가 더욱 늘어났다. 연간 단추 완제품 생산량은 1904년에 16억 개이던 것이 1916년에는 역사상 최고 기록인 57억 개로 증가했다. 그 무렵 조개 채취는 미시시피 강 유역 상당 지역뿐만 아니라, 오대호와 멕시코 만으로 흘러가는 몇몇 하천으로까지 확대되었다.

홍합을 상업적으로 채취할 때에는 마름쇠라는 도구를 사용했다. 마름쇠는 네 갈래의 갈고리가 최대 12개까지 달려 있는 쇠막대였다. 마름쇠를 배에다 매달고 강바닥 위로 끌고 다니면, 홍합들이 갈고리를 물고 껍데기를 꽉 닫는다. 철제 갈고리들이 달린 막대를 끌고 강바닥을 반복적으로 훑고 다니는 것은 홍합의 생장에 좋지 않은데, 조개 채취업자들은 아랑곳하지 않고 작업을 계속했다.

1907년 미국 수산청은 홍합 공급을 보장하기 위해 인공번식계획에 예산을 지원했다. 상업적인 홍합번식사업은 1912년에 시작되었는데, 미시시피 강 상류, 인디애나 주의 워배시 강, 오하이오 강, 아칸소 주의 화이트 강과 블랙 강에서 특히 집중적으로 일어났다. 홍합 유생을 숙주 물고기가 들어 있는 수조에 집어넣은 뒤, 유생이 들러붙은 물고기를 강에다 풀어 주었다. 이 계획은 마침 수산청에서 추진한 다른 계획(20세기 초에 시작된 어류구조계획)과 잘 맞아 떨어졌다.

매년 봄이 되면 미시시피 강은 범람하여 인근 숲을 물에 잠기게 했다. 그러면 물고기들이 이 저지대에 산란을 했는데, 물이 빠지고 나면 수백만 마리의 새끼물고기들이 점점 증발해가는 물에 갇혀 오도 가도 못하게 되었다. 새끼물고기들을 강으로 되돌려 보내면 어자원이 늘어날 것이라고 생각한 수산청은 전문 요원들을 고용해 육지에 갇힌 물고기들을 미시시피 강으로 되돌려 보내는 사업을 펼쳤다. 이렇게 구조한 물고기들을 강에 풀어놓기 전에 홍합 유생을 부착함으로써 어류구조계획과 홍합번식계획은 간접비를 크게 줄일 수 있었다.

수산청은 홍합번식계획을 통해 경제적으로 중요하고 경쟁력이 아주 높은 산업이 자멸하는 것을 막을 수 있길 기대했지만, 파괴적인 마름쇠 사용을 막기 위한 노력은 전혀 기울이지 않았다. 진주 단추 산업이 빈사 상태에 빠진 1933년에 가서야 비로소 마름쇠를 계속 사용한다면, 민물홍합은 결코 회복되지 않을 것이라고 발표했다. 1914~20년 사람들은 미시시피 강에서 매년 3만 5000톤의 홍합을 잡으면서 전 세계 단추 생산량의 3분의 2를 공급했다. 전성기에는 채취업자와 공장에서 일한 사람을 통틀어 단추 산업에 종사한 사람은 약 2만 명이었고, 1년에 1250만 달러어치의 단추를 생산했다. 그러나 그것은 종말을 예고하는 최초의 조짐이었다.

1930년 수산청은 완전히 실패한 홍합번식계획을 포기하고, 미시시피 강 상류에 면한 5개 주에 홍합보호법안을 폐기하라고 권고했다. 죽어가는 산업을 구속하느니 차라리 고삐를 풀어주려고 한 것이다. 수산청장은 1932년에 "미시시피 강에서 홍합채취산업은 경제적 고갈 상태를 피하기 힘들 것 같다"라고 기록했다. 그리고 수산청의 공식적인 견해는 남아 있는 홍합을 모두 채취해 활용해야 한다는 것이었다.

≈

과도한 채취는 홍합 서식지에 국지적인 파괴를 가져왔지만, 수로를 운송과 홍수 조절을 위해 변경하자 물고기들 역시 홍합만큼 심각한 타격을 입었다. 한때 미시시피 강에는 미국에서 가장 큰 민물고기 개체군들이 풍부하게 살고 있었다.

살아 있는 화석인 흰철갑상어는 몸이 골질 판으로 덮여 있고 몸무게는 최대 810kg에 이른다. 주둥이가 기다랗고 괴상하게 생긴 주걱철갑상어는 몸무게가 45~90kg이며, 옛날에 살았던 같은 과의 종들 중 서반구에서 유일하게 살아남은 종(가까운 친척은 중국에 살고 있는 딱 한 종뿐이다)이다.

철갑상어와 주걱철갑상어는 바다에서 먹이를 구하는 반면, 역시 살아 있는 화석으로 몸집이 아주 커진 민물꼬치고기와 아미아고기는 게걸스러운 포식동물이다. 메기는 산악 지역의 물살이 빠른 개울을 제외한 모든 곳에 서식하는데, 특히 미시시피 강 바닥에 사는 메기들은 몸집이 아주 크다. 50kg이 넘는 넓적머리메기, 얼룩메기, 청메기, 미시시피메기가 잡혔고, 조개를 잡아먹는 버펄로피시, 블루서커, 양머리돔도 그만큼 큰 것들이 잡혔다.

미시시피 강 하류에는 19세기 중반까지 앨리게이터*도 많이 살았다. 핵심종인 앨리게이터는 큰 둔덕을 둥지로 짓고, 겨울을 나기 위해 악어 구덩이를 팜으로써 습지와 소택지의 복잡성을 높인다. 1826년 오듀본은 미시시피 강에 가까운 레드 강에서는 "강변을 따라 수백 마리의 앨리게이터가 작은 놈은 큰 놈 등 위에 올라탄 채 물 위에 떠 있는 거대한 뗏목처럼 혹은 떠내려온 목재들처럼 모여 있는 걸 볼 수 있는데, 흥분하여 금방이라도 싸우려는 수천 마리의 황소처럼 으르렁거리고 울부짖는다"라고 기록했다. 만약 앨리게이터가 똑같은 구덩이를 몇 년 동안 계속해서 판다면, 그 구덩이는 작은 연못이 될 수 있다. 가뭄 때 앨리게이터 구덩이는 가끔 양서류와 어류 그

---

* 앨리게이터속에 속하는 악어는 현재 미시시피악어와 양쯔강악어 두 종만 남아 있다.

리고 그것들을 잡아먹고 사는 포식동물에게 물이 남아 있는 유일한 서식지로 이용되기도 한다.

앨리게이터는 또한 수생식물과 추수식물[*]을 뜯어내면서 수생 서식지를 유지하는 역할을 한다. 봄철에 암컷 앨리게이터는 턱으로 진흙을 파올린 뒤 그것을 식물과 섞어 한 변의 길이가 1.5~2.1m, 높이 약 90cm인 둔덕을 물가의 그늘진 장소에 만든다. 둔덕 꼭대기의 우묵한 곳에 20~70개의 알을 낳고 흙으로 알을 덮은 뒤, 꼭대기 부분을 꾹꾹 눌러 밟아 반반하게 만든다. 그리고 그 옆에서 늦여름이나 초가을까지 충실하게 둔덕을 지킨다. 그러다가 새끼가 알 속에서 나오려고 울어대는 소리를 들으면, 조심스럽게 알을 파낸 뒤 새끼가 알을 깨고 나오는 걸 도와준다. 길이 약 9cm의 알 속에서 길이 약 20cm의 새끼가 기어나오면, 어미는 새끼를 입속에 넣고 물로 데려간다. 그리고 새끼가 스스로 살아갈 수 있을 때까지 곁에서 지켜준다.

한때 수천 개의 앨리게이터 둥지가 미시시피 강가의 소택지에서 마른 장소를 제공했고, 그곳에서 거북이가 둥지를 만들거나 식물이 자랐으며, 그 식물 사이에 새가 둥지를 틀었다. 나무와 관목은 오래된 앨리게이터 둥지에 자리를 잡고 뿌리를 내리기 때문에 미시시피 강의 앨리게이터는 소택지가 저지대

---

*抽水植物. 뿌리와 줄기 밑부분은 물 밑의 토양에 고착하지만, 잎이나 줄기 일부는 수면 위로 나와 생육하는 식물. 갈대, 개연꽃, 부들 따위가 있다.

숲으로 변하는 초기 과정에서 중요한 역할을 할 때가 많다. 한때 전체 미시시피 강을 따라 범람한 강물과 앨리게이터 둔덕 사이에 소택지와 고인 물웅덩이가 복잡하게 널려 있었다. 사초류(莎草類)와 가래,* 기장은 많은 물새를 먹여 살렸다.

미네소타 주의 와일드라이스(벼과에 속하는 거친 1년생 초본식물) 소택지에서부터 미시시피 강 삼각주의 연안 습지대에 이르기까지 강가 주변에서 먹이를 잡아먹으며 미시시피 강 위로 철새가 날아가는 길은 하늘의 고속도로였다. 캐나다 북부에서 여름 동안 둥지를 틀고 지내다가 미시시피 강 삼각주에서 겨울을 보내는 수천만 마리의 오리가 그 길을 이용했고, 중앙아메리카와 남아메리카로 날아가는 더 많은 철새들도 그 길을 이용했다.

미시시피 강에서는 매년 홍수가 일어났고, 미시시피 강 하류 유역의 활엽수림은 계절에 따라 정기적으로 침수되었다. 홍수는 먹이를 구하거나 알을 낳을 수 있는 장소, 부화한 후 처음 몇 주일 동안의 취약한 시기에 안전한 생육 장소를 제공하여 물에서 살아가는 많은 종이 서식지를 확대하는 데 도움을 주었다. 많은 어류는 침수된 숲에 알을 낳기 위해 정기적으로 이동했고, 매년 일어나는 홍수는 땅에 막대한 영양 물질을

---

* 가래과와 아포노게톤과에 속하는 몇 종류의 물풀. 물에 반쯤 잠겨 있거나 물 위에 떠서 살며, 꽃은 물 위로 나와 핀다.

공급했다.

　미시시피 강에 최초로 제방을 쌓은 것은 1699년으로, 개인 토지 소유주들이 홍수를 막기 위해서였다. 그러나 나중에 수로가 운송 목적으로 활발하게 이용될 때까지 강에서 벌인 공사는 잔가지나 막대를 제거하고 강둑 붕괴를 막는 정도에 그쳤다. 최초의 증기선은 1811년에 피츠버그에서 만들어졌고, 8년 뒤에는 191척의 증기선이 미시시피 강을 오르내렸다. 1833년 무렵에는 뉴올리언스에서 1200척 이상의 화물선이 짐을 내렸다. 신시내티와 뉴올리언스 사이의 화물 운송비용은 1814년에 파운드당 9센트이던 것이 1828년에는 0.5센트 미만으로 떨어졌고, 강은 유례없는 전성기를 누렸다.

　증기선은 강변의 숲을 광범위하게 벌채하는 결과를 낳았는데, 1880년대에 석탄을 사용하기 이전까지는 장작을 연료로 사용했기 때문이다. 하천 주변의 숲이 맨 먼저 베여나갔다. 이것은 농경지를 얻기 위한 벌채와 함께 강둑을 불안정하게 했다. 증가한 퇴적물과 농경지에서 흘러나온 물도 강둑의 붕괴를 촉진하는 데 한몫을 했다.

　19세기 초에 대부분의 중서부 지역, 특히 아이오와 주와 일리노이 주 중부 지역은 소택지가 많았고 물이 잘 빠지지 않았다. 이러한 소택지에는 말라리아모기가 들끓었는데, 도랑과 수로를 파 물을 빼내자 소택지들은 기름진 저지대 농토로 변했다. 이 작업은 말에게 스크레이퍼(비교적 무른 땅에서 흙을 파서 운반하는 기계)를 끌게 하거나 많은 사람들이 직접 삽을 들고 하거나 거대한 쟁기(가장 큰 것은 황소 68마리가 끌었고, 거기에 매달릴 카우보이만 8명이 필요했다)를 사용해서 했다. 나중에는 물 위에 뜬 채 작동하는 거대한 기계를 현장에서 만들어 준설 작업을 했다. 대부분의 수로는 정기적으로 준설 작업이 필요했다. 준설한 장소에서는 그곳에 살던 조개들이 곧장 죽었고, 그보다 아래쪽에 살던 조개들은 실트로 뒤덮였다.

  수로 변경으로 인해 미국 전체에서 20만 평방마일 이상의 습지가 간척되었다. 미시시피 강 상류와 오하이오 강, 미주리 강에 면한 주들에서는 80% 이상의 습지가 사라졌다. 비버가 만들어 남긴 습지들에서 농부들이 도랑을 파고 물을 빼냈다. 땅 위에는 새로운 수로가 생겼고, 강들의 수로도 변경되었다. 단지 농경지를 얻을 목적으로 그런 것만은 아니었다. 수상 운송을 개선하고, 유속을 빠르게 하여 국지적 홍수를 줄이려는 목적도 있었다. 그렇지만 이것은 하류 쪽의 홍수 발생을 증가시켰다. 소택지 간척과 수상 운송 개선은 강물을 바다로 더 빨리 흘러가게 하는 결과를 낳았고 강의 수위 변동도 이전보다 더 커졌는데, 이 두 가지 변화는 대부분의 물고기 개체군에게 살아가기에 불리한 환경을 초래했다. 게다가 인위적인 배수는 물이 모여 수로로 흘러가는 효율을 높이기 때문에 수로를 준설하여 깊게 하거나 새로운 배수 시설을 건설하는 것은 결국 그 지역의 지하수면을 낮추는 결과를 초래한다.

대부분의 수로 정비 공사는 육군 공병대의 토목사업과에서 담당했다. 공병대는 1802년에 창설되어 1824년에 내륙 항행을 개선하는 공사를 맡았다. 국토 면적이 팽창하는 것과 비례해 공병대의 조직도 팽창했다. 얼마 지나지 않아 공병대는 배수와 운송을 위해 도랑과 운하를 파는 공사만 하는 게 아니라, 홍수 조절과 관개, 수력발전을 위해 댐도 건설하기 시작했다. 그렇지만 첫째 임무는 모든 강을 배가 운항할 수 있는 고속도로로 만드는 것이었고, 공병대는 그 임무를 아주 잘 수행했다. 현재 공병대는 3만 km 이상의 내륙 수로와 내륙 대수로˙를 개선·유지하고 있고, 350개의 댐(1992년에 700억 kWh 이상의 전력을 생산한)과 1만 4000km 이상의 제방과 홍수벽, 1만 2000km의 개선된 수로를 포함하는 국지적 홍수통제계획도 관리하고 있다.

한편 토양보전국은 거기에 더해 1만 2800km에 이르는 강의 수로를 변경했다. 큰 계획들은 유역개발계획의 일환으로 추진되었지만, 작은 계획들은 종종 이익을 노리고 달려든 사

˙ 미국 남부와 동부의 대서양과 멕시코 만을 따라서 4800km 정도 뻗어 있는 뱃길. 원래 뉴욕 시에서 텍사스 주 브라운즈빌까지 연결된 물길을 만들 계획이었으나, 플로리다 주 북부를 통과하는 운하 연결부가 끝내 완성되지 않았다. 그래서 지금은 대서양 연안과 멕시코 만 연안의 두 구역으로 나뉘어 있다.

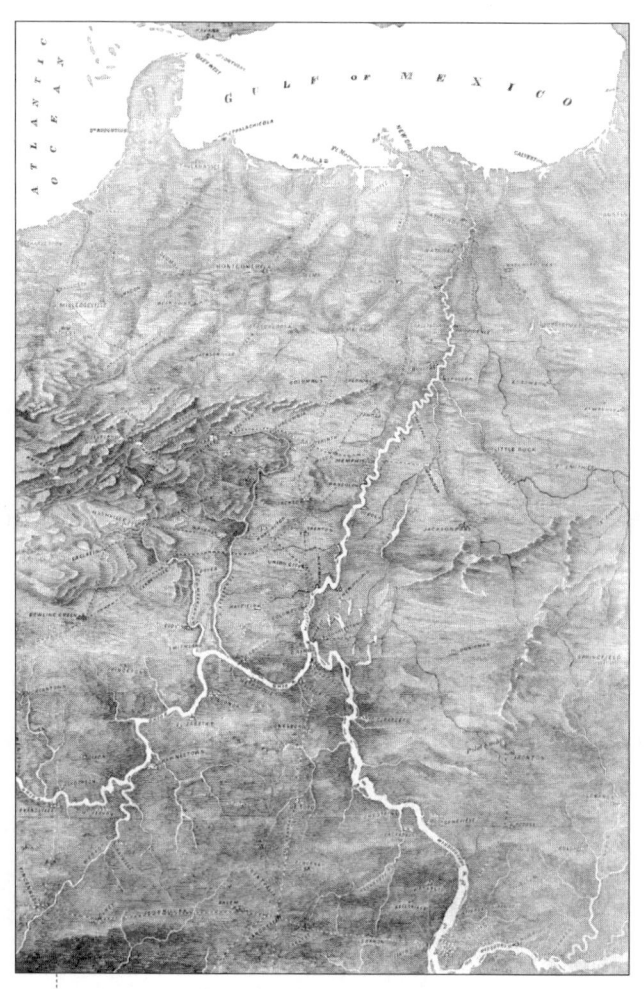

뱀처럼 구불구불한 미시시피 강은 매년 홍수를 일으켜 수많은 생물들을 먹여왔다. 하지만 댐으로 막히고, 수로가 건설되고, 제방으로 둘러싸인 미시시피는 죽음의 강이 되었다. 더러운 물은 이제 더 이상 미시시피 강에서 걸러지지 못하고 그대로 바다로 흘러간다.

람들이 시작한 경우가 많았다. 예를 들어 연중 절반은 물에 잠기는 범람원에서 방목을 하는 목장주가 있다면, 그는 자기 지역 국회의원에게 개발 타당성 조사를 해달라고 요청할 수 있다. 측량 결과와 비용편익 분석 결과가 긍정적으로 나오면, 즉시 공사 계약이 체결되고 공사가 시작된다.

1960년대까지만 해도 공병대는 자연적인 물의 순환이란 개념은 전혀 염두에 두지도 않았기 때문에 물과 뭍 사이의 추이대인 하천역을 용납할 수 없는 물의 낭비로 간주했다. 의욕이 지나친 공사가 참혹한 결과를 낳은 사례도 있는데, 공병대는 하천의 흐름을 보전하기 위해 메마른 지역의 강변에 자라는 심근식물을 없애는 작업을 시작했다. 개울가에 자라면서 포화대로부터 물을 빨아들이는 식물을 모두 뭉뚱그려 심근식물(뿌리가 깊이 뻗는 식물로, 지하수나 지하 수맥 근처의 흙에서 물을 흡수한다)이라 부른다.

텍사스 주의 리오그란데 강 주변에서는 하천역을 없앨 때 흰죽지비둘기의 서식지 중 95%가 파괴되었고, 그로 인해 약 400만 마리의 흰죽지비둘기가 사라졌다. 애리조나 주의 힐러 강 주변은 비둘기와 메추라기, 꿩, 페커리돼지, 사슴 그리고 심지어 곰에게도 풍요로운 강변 서식지였다. 또 나무들은 물을 차갑게 해줘 작은입우럭을 비롯해 여러 종류의 물고기가 잘 살아갈 수 있었다. 그러나 공병대의 불도저가 강 주변을 마구 파헤치자, 강은 과열된 수로로 변해 물고기도 다른 동물도 살아가기 어렵게 되었다.

  습지와 강에 수로 정비 공사를 하는 목적은 두 가지이다. 하나는 마른 땅을 얻기 위한 것이고, 또 하나는 수상 운송의 효율을 높이기 위한 것이다. 두 가지 목적만 놓고 본다면, 공병대는 소기의 목적을 충분히 달성했다. 습지는 농경지로 변했고, 강바닥은 깊어졌으며, 하천의 생물상도 변했다. 수로 정비 공사와 준설 작업은 강에서 웅덩이와 여울을 없애 서식지를 단순하게 만들었다. 이런 일이 일어나면 대개 큰 물고기들은 사라지고, 작은 물고기인 미노(minnow. 잉어과의 작은 물고기), 샤이너(shiner. 은빛이 나는 작은 물고기), 다터(darter. 북아메리카산 작은 물고기. 시어(矢魚)라고도 함)는 살아남는다.

  1960년대에 미시시피 강 야생 동물 및 어류 위원회가 티파 강을 조사한 결과에 따르면, 수로 정비 공사 이전에는 물고기가 에이커당 877마리, 무게로는 108kg이 존재했으나, 수로 정비 공사 뒤에는 전체 물고기 중 99%를 작은 물고기인 미노, 샤이너, 다터가 차지했다. 그리고 에이커당 개체수는 1498마리로 거의 두 배로 증가했으나, 총 무게는 겨우 2.3kg에 불과했다. 전국을 대상으로 조사한 결과, 수로 정비 공사 후에는 하천의 생산성이 붕괴하는 것으로 드러났다.

  1879년 의회는 강의 항행을 개선하기 위해 미시시피 강 위원회를 설치했다. 제방의 불안정성을 해결하려고 1844년에 수로의 자연적인 이동을 제한하고 우각호의 생성을 막는 대규모 제방 공사를 실시했다. 항행 효율을 개선하기 위해 공병대는 일리노이 주의 카이로와 멕시코 만 사이를 흐르는 수위가 낮은 강에 깊이 2.7m, 폭 75m의 수로 건설 공사를 시작했다. 준설 작업은 1896년에 시작되었는데, 이 때문에 하류 쪽으로 토적물이 계속 흘러내려가 강바닥에 서식하는 생물 군집들이 큰 피해를 입었다.

1913년 아이오와 주의 키오컥에 미시시피 강 상류 최초의 댐이 건설되었다. 〈아이오와 매거진〉의 기자가 "나일 강의 고대 피라미드와 스핑크스에 필적할 뿐만 아니라 사실상 이 둘을 능가하는 역사상 최대 규모의 공사"라고 찬사를 늘어놓은 높이 16m의 키오컥 댐은 약 104km의 강물을 막았다. 1930년대 말까지 26개의 갑문과 댐은 미시시피 강 상류를 일련의 호수들로 바꾸어놓았다.

키오컥 댐이 건설된 뒤, 미국 수산청은 하천 생태계를 자세히 관찰했다. 키오컥 인공호에서 잡힌 어획량은 1917년에 900톤으로 정점을 찍은 뒤, 하강곡선을 그리기 시작하여 1930년대에는 120톤으로 바닥에 이르렀다. 그 무렵에는 홍합도 거의 다 사라지고 없었다. 미네소타 주와 위스콘신 주의 경계에 위치한 페핀 호(수산청이 추진한 인공번식계획의 중심지 중 하나)에서는 홍합 채취량이 1914년에 3000톤이던 것이 1919년에는 200톤으로 감소했고, 그제서야 수산청은 홍합 개체군이 회복할 수 있도록 호수 일부를 폐쇄했다.

한편 가정 하수와 산업폐기물, 침식으로 생긴 실트가 점점 더 많이 강으로 흘러들었다. 미니애폴리스와 세인트폴에서는 많은 하수가 쏟아져 나왔고, 삼림 벌채와 농경지 개간, 습지 간척은 강물로 흘러드는 실트의 양을 크게 증가시켰다. 하수의 오물은 실트와 결합해 깨끗한 물에 실려갈 때보다 하류 쪽으로 더 멀리 운반되기 때문에 하수 처리가 갑자기 주변 지역에 큰 영향을 미치게 되었다. 댐을 건설하면 오물이 들러붙은 실트가 하류로 흘러내려가는 대신에 저수지 바닥에 가라앉아 천천히 분해되면서 용존산소량을 크게 떨어뜨린다.

1927년 미시시피 강에 홍수가 발생해 미시시피 주, 루이지애나 주, 아칸소 주, 미주리 주, 테네시 주, 켄터키 주의 땅 2만 6000평방마일 이상이 물에 잠겼다. 도시나 마을 전체가 물에 잠긴 곳도 있었고, 도로와 철도가 끊기고, 전화가 불통되었으며, 모두 214명이 사망했다. 이 홍수는 공학자들이 강을 좀 더 자세히 연구하는 계기가 되었다.

1936년에 제정된 홍수관리법으로 2만 5600km에 이르는 미시시피 강의 주요 수로와 지류에 대한 관리가 전면 수정되었다. 주요 수로의 폭은 75m에서 90m로 확장되었고, 추가 준설 작업으로 깊이도 3.6m로 늘어났다. 이러한 하천정비사업은 계속 진행되어 결국 멕시코 만에서 미니애폴리스와 세인트폴에 이르는 지역까지 확장되었다. 1932~55년 미시시피 강 하류는 구불구불한 물길이 직선으로 연결됨으로써 길이가

243km나 줄어들었으며, 추가로 86km를 더 단축할 계획이 세워졌다.

이러한 지름길 수로는 침식을 막고 강의 에너지를 퇴적물 운반에 최대한 이용할 목적으로 만들었는데, 이것은 하천 생태계에 극적인 효과를 가져왔다. 새로 생긴 제방 사이로 강이 흘러가도록 하기 위해 새로운 수로들을 10년 이상 계속 준설하는 게 필요했는데, 1932~55년 13억 m^3 이상의 퇴적물이 강물에 실려 하류 지역으로 운반되었다. 마지막으로 곡류가 생겨나는 것을 막기 위해 1945~70년 수십 개의 제방과 긴 옹벽*이 건설되었다.

천연 하천은 뱀처럼 구불구불한 경로를 따라 흘러가며, 굴곡이 심한 곳에서는 흐름이 바뀌면서 모퉁이 부분이 떨어져 나가 우각호가 생긴다. 그러나 미시시피 강 하류는 이전에는 장소에 따라 강바닥까지의 깊이가 다양했지만, 공사 후에 균일하게 좁고 깊고 물살이 빠른 수로로 바뀌었다. 3000여 km에 이르는 본류의 제방에 둘러싸인 미시시피 강은 주변의 범람원과 분리되었고, 하천역은 콘크리트 블록으로 뒤덮였다.

예전에는 매년 물에 잠긴 활엽수림을 찾아가 먹이를 얻고 알을 낳고 새끼가 자랄 장소를 구하던 물고기들은 이제 그런

---

* 제방 한쪽 면의 하중을 지지하거나 제방의 붕괴를 방지하기 위해 지주 없이 세운 벽. 이 벽은 지지하는 하중 쪽으로 경사져 있다.

피난처를 잃게 되었다. 제방은 물이 퍼져나가 실트를 쌓지 못하게 하기 때문에 한때 강 주변의 생태계에 공급되던 유기물은 이제 그냥 바다로 흘러가 대륙붕에 쌓인다. 실트가 강 유역에 쌓이지 않고 바다로 곧장 흘러들면 해안 지역의 후퇴와 침강을 초래할 뿐 아니라, 영양 물질의 순환에도 변화가 생긴다. 예전에 하구 지역에 공급되던 영양소들이 지금은 깊은 바다 속에 퇴적된다.

댐으로 막히고, 수로가 건설되고, 제방으로 둘러싸인 미시시피 강은 더 이상 그다지 많이 움직이지 않는다. 통나무 뗏목과 앨리게이터는 외딴 장소의 고인 물에만 존재하고, 한때 풍부했던 큰 물고기들은 전설 속으로 사라졌으며, 물에서 불순물을 걸러주던 토착 홍합 종들도 사라질 위기에 처해 있다.

미시시피 강 상류와 미주리 강은 한때 탁한 흙탕물, 계절에 따른 큰 유량 변화, 여러 갈래로 갈라져서 흐르면서 늘 위치가 바뀌는 넓은 수로들로 유명했다. 강둑에서는 늘 침식이 일어났고, 홍수가 일어날 때마다 수로가 바뀌었다. 지금은 미시시피 강에는 댐이 26개, 미주리 강에는 60개나 건설돼 있다. 미시시피 강은 화물선들을 위한 고속도로가 되었고, 준설되고 제방으로 둘러싸인 수로로 축소되고 말았다.

민물홍합은 오늘날 미국에서 가장 광범위한 멸종 위기에 처한 생물 집단이다. 패류학자(조개류를 연구하는 학자)들은 민물홍합이 대량 멸종 직전에 처해 있다고 말한다. 전체 민물홍합

종 중 10분의 1은 이미 멸종한 것으로 추정되며, 남아 있는 종들 중 3분의 2가 멸종 위기에 처해 있다. 강바닥에 널려 있던 홍합들이 사라지면, 물은 전혀 정화되지 않은 채 그대로 바다로 흘러갈 것이다.

9

수도관과 변기

초기 문명을 건설한 사람들이 맨 처음 맞닥뜨렸던 문제 중 하나는 배설물이 급수시설에 흘러들어가지 않게 하는 것이었다. 모든 도시는 거의 예외 없이 시민에게 민물을 공급해 주는 호수나 하천이나 샘 근처에 자리를 잡았다.

인구가 증가하자 흘러내려가는 물과 쓰레기가 지표수를 오염시켰고, 변소와 분뇨 구덩이, 마구간에서 나오는 오물이 땅 속으로 스며들어 지하수로 흘러들었다. 얼마 지나지 않아 호수나 강의 물은 마실 수 없는 물로 변했고, 우물과 샘도 오염되었다. 대변과 물은 많은 질병을 옮기는 매개물이 되기 때문에 먼 곳에서 관을 통해 깨끗한 물을 끌어오고 관을 통해 더러운 물을 하수도로 내보내지 않는다면 도시는 사람이 살기에 아주 위험한 장소가 되기 쉽다.

상수도와 하수시설을 설치하는 데 필요한 기술적 문제는 일찍부터 해결되었다. 기원전 2500년경에 수메르 문명과 인더스 문명은 거대한 관개시설을 갖추고 있었고, 이러한 관개 농업을 바탕으로 성장한 도시들에는 배관시설도 완벽히 설치돼 있었다. 수도관을 통해 산에서 도시까지 깨끗한 민물을 끌어와 공중 분수대와 목욕탕, 변소에 공급했고, 하수는 따로 분리해 하수도를 통해 흘려보냈다. 수메르의 일부 가정에는 하수도로 연결된 수세식 화장실도 있었는데, 수세식 화장실이 4000년 뒤에야 일반적으로 사용되었다는 걸 생각하면 놀라운 일이다.

로마의 수도관과 하수도는 고대 세계의 경이 중 하나로 칭송받았다. 97년 브리타니아의 총독을 지낸 프론티누스가 로마 수도관의 책임자로 임명되었다. 그가 쓴 『로마 시의 수도관』은 로마의 상수도 시설을 포괄적으로 다룬 역사 기술서이다. 로마 시민은 오염된 테베레 강물이나 더러운 우물물을 마시는 대신에 아펜니노 산맥의 숲 속을 흐르는 개울에서 끌어온 물을 마셨다. 그 물은 돌로 만들어 시멘트를 씌운 수도관으로 끌어왔다.

프론티누스가 『로마 시의 수도관』을 쓸 무렵에 로마인은 이

미 400km 이상의 수도관을 건설했다. 계곡은 아치 모양의 수도교를 건설해 건너갔고, 높은 지대는 터널을 뚫어 통과했으며, 튼튼한 석조 구조로 수도관을 지탱했다. 로마 시내에서는 납관과 속을 파낸 통나무를 통해 공중목욕탕과 분수, 144개소의 공중변소(그중 일부에는 한쪽에 20개의 좌변기가 있었다), 가게, 수십 곳의 개인 저택에 물을 공급했다. 1인당 물 소비량은 하루에 300갤런(약 1130리터)으로, 오늘날 미국 시민이 소비하는 양에 비해 3배나 많았다.

로마 제국이 멸망한 뒤 유럽인은 1000년 동안 불결하게 살았다고 흔히 이야기한다. 기독교가 득세하면서 로마인이 수도관과 하수도에 쏟아부었던 예산이 성당과 그 관료제도에 투입되었는데, 교회는 기독교도의 세속적인 삶보다는 더 고상한 문제에 관심을 기울였기 때문이다. 그렇지만 중세에 배관시설이 설치된 곳은 수도원뿐이었다는 사실은 역설적이다. 도시의 우물은 한결같이 더러웠고 거리는 더 불결했지만, 사람들은 십일조를 바치고 기도를 하면서 수레에서 파는 식수(도시 밖의 샘에서 길어온)를 사 마셨다. 목욕은 아주 가끔씩만 했는데, 물론 더러운 우물물로 했다.

우물은 갈수록 오염이 더 심해졌다. 기독교도들은 신성한 교회 부속 묘지에 묻히길 원해 시체들이 점점 더 많이 쌓였고, 시체들이 썩으면서 나온 액체가 지하수로 흘러들었기 때문이다. 시간이 한참 지나자 도시의 교회들에는 좁은 장소에 수십만 명의 신도들이 묻히게 되었다.

1820년 스코틀랜드의 홀(Basil Hall)이라는 기자는 교회 묘지들에는 "악취가 풍기고 역겨운 곰팡이가 부러진 뼈와 관 부스러기와 함께" 발목 높이로 수북이 쌓여 있으며, 교회 근처에 있는 우물물은 푸트레신*, 카다베린**을 비롯해 부패할 때 생기는 그 밖의 자극적인 유기 화합물 냄새를 풍긴다고 썼다.

미국독립전쟁 당시에 보스턴과 뉴욕, 필라델피아 주민들은 우물과 저수탱크와 샘에 거의 전적으로 의존했다. 구세계와 마찬가지로 미국 주민 역시 시체를 도시 경계 안에 묻었다(예를 들면, 뉴욕 시의 트리니티 교회 묘지에는 1830년까지 16만 개의 무덤이 들어섰다). 분뇨 구덩이와 변소에서 새어나온 오물이 지하수로 흘러들었고, 도시의 우물들은 심각하게 오염돼 갔다.

1809년 무렵에 뉴욕 시의 공중 우물물은 너무나도 불결해서 말이 뒷걸음질 칠 정도였다. 1835년 무렵에는 보스턴에 있던 2767개소의 우물 중 4분의 1은 마실 수 없을 정도로 오염이 심각했다. 그해에 공학자 밑에서 일하던 어느 조수는 "많은 우물물에서는 아주 역겨운 냄새가 난다. 인접 우물들의 물에도 나쁜 효과를 미치리라는 건 너무나도 명백해 보인다"라고

* putrescine. 악취가 나는 무색의 결정 물질. 보통 부패한 동물 조직이나 비정상인 오줌 속에 생긴다.
** cadaverine. 악취가 심한 유독성 액체 물질. 고기나 생선 따위의 단백질에 간균이 작용하여 생긴다.

지적했다. 그러나 아무도 몸을 씻지 않고 모두 맥주를 마시던 시대에 악취와 이상한 맛은 그다지 중요한 게 아니었다. 미국 도시들이 저수지와 수도관을 설치하는 데 나서기 시작한 이유는 악취가 심한 우물보다는 질병 때문이었다.

독립하고 나서 처음 100년 동안 미국 도시들에서는 구세계의 다른 도시들과 마찬가지로 전염병이 자주 발생했다. 도시들이 커져감에 따라 전염병으로 사망하는 사람의 수도 점점 늘어났다. 질병의 전염경로는 아무도 몰랐지만, 유력한 가설로 인정받던 게 두 가지 있었다. 독기설은 2000년도 더 전에 히포크라테스가 처음 주장한 이론으로 독기가 질병을 일으킨다는 것이다. 1665년에 발생한 런던 대역병을 보고 어떤 사람이 "흙 속의 똥이 발효하면서 나오는 아주 미묘하고 특이하고 교묘하고 유독하고 해로운 증기"가 원인이라고 한 말이 독기설을 잘 표현해 준다.

한편 전염설은 질병이 사람을 통해 옮는다는 가설로, 외국의 배가 들어오지 못하게 하고 교역을 중단하여 도시를 격리하면 전염병을 막을 수 있다고 주장했다. 독기설을 믿는 사람들은 다량의 깨끗한 물로 도시에 쌓인 더러운 오물을 씻어보내야 한다고 주장했는데, 그러려면 엄청나게 많은 물이 필요했다.

거리에 널린 것들을 감안하면 독기설이 일리가 있어 보였다. 사람들은 쓰레기를 그냥 골목에다 버렸고, 배회하는 돼지들이 그것을 먹어치웠다. 침실용 변기(너무 게을러서 밖에 나가길

싫어한 시바리스 사람들이 발명했다고 전하는)는 그냥 문밖에다 버리거나 집 안에 있는 분뇨 구덩이에 버렸다. 게다가 화석연료보다는 말의 힘을 이용하던 시절이라 처리해야 할 분뇨도 엄청나게 많이 나왔다.

파리 시의 인구가 약 60만 명이던 1780년에 거리 청소부들은 27만 m³의 분뇨를 치워야 했고, 분뇨 구덩이에서 분뇨를 퍼가는 사람들은 그 10분의 1에 해당하는 분뇨를 실어 날랐으며, 이렇게 모아온 분뇨는 그냥 센 강에다 버렸다. 분뇨 구덩이에서 퍼가는 분뇨의 양은 60만 명의 주민이 만들어내는 분뇨의 3분의 1밖에 되지 않았기 때문에 나머지는 거리에 버려졌을 것이다. 그 당시 필라델피아는 인구가 파리의 10분의 1이었는데, 거리 청소부들은 매년 약 3만 톤의 분뇨를 치웠고(그중 인간의 분뇨는 약 5분의 1), 분뇨 구덩이에서 분뇨를 퍼가는 사람들이 3000톤을 추가로 처리했다.

황열병은 1647년에 바베이도스에 도착한 아프리카인 노예들을 통해 신세계에 전파되었는데, 1793년에는 필라델피아에도 황열병이 크게 번졌다. 약 4000명이 사망했고 2만 3000명이 도시를 떠나 그 당시 미국의 수도이자 가장 중요한 항구가 몇 달 동안 사실상 폐쇄되었다. 황열병은 그 후 몇년 동안 동부 해안 지역을 오르내리며 발생했다.

1798년에는 다시 필라델피아 주민 3800명이 황열병으로 사망하고 4만 명(도시 인구의 약 4분의 3)이 도시를 떠났다. 당시 필라델피아에서 가장 권위 있는 의사는 정신병에 관한 미국 최초의 논문인 「정신병에 관한 의학적 조사 및 관찰」(1812)를 쓴 러시(Benjamin Rush)였는데, 그 역시 독기설을 믿었다. 그는 "시궁창과 거리, 연못, 도시 인근의 소택지에서 나온 썩은 악취" 때문에 황열병이 발생했으며, 스쿨킬 강물을 관으로 끌어와 거리를 깨끗이 청소해야만 질병을 막을 수 있다고 주장했다. 그러지 않으면 항구를 폐쇄해야 하는 상황에 처한 필라델피아의 부자들은 러시의 계획을 열렬히 지지했다.

그 당시 학자들은 고전 교육을 철저하게 받았기 때문에(그들은 프론티누스의 작품을 원어로 읽을 수 있었다) 로마인이 값싼 비용으로 도시에 물을 풍부하게 공급했다는 사실을 잘 알고 있었다. 그러나 미국에는 토목공학자가 얼마 없었기 때문에(공학을 가르치는 대학조차 없었다), 필라델피아 시는 러트로브(Benjamin Latrobe)라는 영국인 토목공학자에게 상수도 체계를 건설해 달라고 부탁했다. [인테리어 디자이너 질리앳(Mary Gilliatt)은 『욕실』이라는 흥미로운 책에서 변기뿐만 아니라 욕조와 싱크대까지 갖춘 미국 최초의 욕실을 만든 사람이 러트로브라고 밝혔다. 그것은 1810년에 필라델피아의 한 가정집에 설치되었다.]

1837년까지 필라델피아 시는 10여 km에 이르는 수도관과 모두 합친 저수량이 2200만 갤런인 저수지 네 곳, 시내를 가로지르는 160km 이상의 철제 상수도관을 건설하느라 약 50만 달러를 쏟아부었다. 이제 1500여 채의 가옥에 수돗물이 공급되었고 거리에서 오물이 사라졌다. 1836년에 발간된 「상수도위원회 연례보고서」는 "순수하고 건강한 물의 값싸고 풍부한 공급이라는 측면에서 우리가 누리고 있는 이 축복은 미국의 어떤 도시보다 앞설 뿐만 아니라, 세상의 어느 도시에도 뒤지지 않을 것이다"라고 자화자찬했다.

황열병이 필라델피아에 최초의 수도관과 저수지가 들어서게 하는 데 촉매 역할을 했다면, 뉴욕에서는 콜레라가 그런 역할을 했다. 콜레라는 1832년 6월에 몬트리올을 거쳐 신세계에 퍼지기 시작했는데, 중간에 있는 마을과 도시들을 거쳐 차례로 번지다가 한 달 뒤에 마침내 뉴욕 시에서도 환자가 발생하기 시작했다. 10월까지 3500여 명이 사망하고, 10만여 명이 도시를 떠났다. 거리가 깨끗하고 오염되지 않은 물이 풍부하게 공급되던 필라델피아에서는 사망자가 900명에 그쳤다. 뉴욕의 크로튼 수도관 건설 공사(크로튼 댐과 저수지 네 곳, 터널과 다리를 포함해 약 80km에 이르는 석조 수도관을 건설하는 데 1000만 달러 이상이 든)가 즉각 시작되었다.

최초의 도시 상수도 체계는 민간 회사가 건설했지만, 도시들이 커져가자 수도관 계획도 로마인의 그것과 비슷한 규모로 커지고 비용도 엄청나게 커지자 결국 시 당국에서 상수도 체계를 맡게 되었다. 필요 자금은 대개 공채를 발행해 조달했고, 가구당 매년 약 10달러의 수도 요금을 징수해 벌충했다. 수돗물을 이용하려는 사람은 넘쳐났다. 1849년 보스턴에서 코치튜

에이트 수도관이 개통된 지 아홉 달 뒤에 수돗물 사용을 신청한 개인 가정은 1만 851곳, 소화전은 750곳이나 되었다.

수돗물 사용자가 늘어나자 하수의 양도 늘어나 도시의 하수 체계를 대대적으로 정비할 필요성이 커졌다. 하수도 체계는 상수도 체계가 들어서기 전에 우물을 사용하던 때에도 꼭 필요한 것이었다. 물이 흘러갈 곳이 없으면, 폭우가 쏟아졌을 때 지하실이 물에 잠기고 거리는 수렁으로 변하기 십상이었다. 하수도가 제대로 갖춰지지 않은 도시 지역에서는 중요한 교차로 지점에 큰 구덩이를 파 시궁창에 흐르는 물을 모았다. 이러한 배수분지는 종종 죽은 고양이와 개 그리고 온갖 종류의 쓰레기가 쌓이는 대형 분뇨 구덩이가 되곤 했다. 1806년 멜리시(John Melish)라는 영국인 여행가는 뉴욕의 배수 웅덩이에는 "보이지 않는 온갖 오물이 잔뜩 쌓여 있어, 거기서 솟아오르는 증기를 3km 밖에서도 볼 수 있다"라고 기록했다.

개척 시대에 거리에 면한 주택 소유자들은 공동으로 하수도를 파서 가까운 수로까지 직접 관을 연결했다. 드라이 싱크대* 대신에 하수구로 물이 곧장 내려가는 싱크대가 등장하자 생활이 훨씬 편리해졌다. 사람들은 너도나도 하수도관을 깔기 시작했다. 비용은 각자 분담했고, 나중에 이사 온 사람이 하수도

* 19세기에 부엌에서 사용되던 개수대가 달린 찬장. 수납장이 개수대 아래쪽에 위치한 낮은 찬장으로 주로 소나무로 만들어졌고, 개수대가 있는 상판은 점판암이나 대리석으로 만들었다.

1823년 보스턴 시는 하수도의 소유와 관리를 장악했다. 그 후 15년에 걸쳐 청소를 위해 안으로 들어갈 수 있을 만큼 큰, 벽돌로 만든 하수도관을 수십 km나 깔았다.

관에 연결하고자 할 때에는 사용료를 따로 지불했다. 상수도 체계로 인해 수돗물 공급량이 크게 늘어나고, 날림으로 지은 하수도가 역류하기 시작할 때까지 비공식적인 하수도관망은 블록별로 계속 확장돼 갔다.

보스턴이 정식으로 시가 된 1823년에 시 당국이 맨 먼저 취한 행동 중 하나는 하수도의 소유와 관리를 장악한 것이었다. 원래의 하수도관들은 각 가정의 배수를 위해 설치된 것이지만, 시는 거리를 깨끗이 하고 배수 분지를 없애기 위해 호우용 빗물 배수관을 설치할 필요가 있었다. 그 후 15년에 걸쳐 보스턴 시는 청소를 위해 안으로 들어갈 수 있을 만큼 크고, 벽돌과 돌로 예술적으로 만든 하수도관을 수십 km나 깔았다. 건설비용과 유지비용은 각 가정 사용자에게 부과했지만, 요금을 내지 않는다고 해서 각 가정과 하수도관의 연결을 끊을 방법이 없었기 때문에 요금을 내는 사람은 드물었다. 1823~38년 보스턴 시는 하수도관 건설과 유지에 12만 1109달러 52센트를 썼지만, 각 가정에서 거둬들인 요금은 그 4분의 1도 안되었다.

상수도 체계와 하수도 체계는 거리를 뒤덮고 있던 쓰레기를 가까운 수로로 씻어 보냄으로써 거리를 깨끗하게 해주었다. 그러나 하수도는 배설물을 염두에 두고 만든 것이 아니었다. 각 가정에서 하수도에 연결된 것은 부엌의 싱크대뿐이었다. 보스턴(예컨대) 시 당국은 1833년까지 사람의 배설물을 하수도로 흘려보내는 것을 금지했다. 수세식 변기에 대한 대중의 열광은 하수도의 중심 역할과 도시의 냄새뿐만 아니라 주민의 거주 지역까지 변화시켰다.

실내 배관이 설치되기 전까지는 욕실이 없었다. 부엌에서 휴대용 욕조에 물을 채워 사용했고, 각 침실마다 세면대가 있었으며, 침대 밑에는 침실용 변기를 놓아두고 사용했다. 시에서 상수도를 공급하자, 더 이상 직접 물을 비워야 할 필요가 없는 고정된 욕조, 물항아리 대신 배관이 연결된 싱크대, 변기가 갖춰진 욕실이 등장했다. 변기가 딸린 욕실은 하수도 체계가 완공되면서 급속도로 퍼져나갔다. 변기가 항상 깨끗한 것은 아니었고 물이 내려가는 소리도 시끄러웠지만 침실용 변기보다는 월등히 나았으므로, 수세식 변기는 누구나 갖길 원하는 품목이 되었다.

수세식 변기를 발명한 사람은 엘리자베스 1세 여왕의 대자 해링턴(John Harrington)으로 알려져 있다. 해링턴은 1596년에 출판한 『아약스의 변신』이라는 책에서 자신의 발명품을 설명했다〔Ajax(아약스)는 변소를 뜻하는 'a jakes'와 발음이 같은 걸 이용한 말장난이다〕. 그가 만든 수세식 변기는 필요한 요소를 다 갖추고 있었지만, 딱 한 가지 부족한 게 있었다. 관이 변기에서 아래로 곧장 직선으로 연결돼 있었기 때문에 물이 고인 변기에서는 아래에 있는 분뇨 구덩이와 같은 냄새가 났다(엘리자베스 여왕도 냄새 때문에 불평을 한 적이 있었다고 하는데, 그 당시는 사람들이 아무 곳에나 일을 보던 시절이었다). 이 문제는 1775년에 커밍스

(Alexander Cummings)라는 영국인 공학자가 사이펀트랩(S자로 구부러진 관 속에 물이 고이게 한 것)이 달린 변기에 대한 특허를 얻으면서 해결되었다. 사이펀트랩은 분뇨 구덩이(혹은 하수도)의 악취가 욕실로 올라오는 것을 막아주었다.

미국의 도시들이 상수도 체계와 하수도 체계를 갖추자, 일류 호텔들은 모두 욕조와 싱크대, 수세식 변기를 설치했고 부자들도 그 뒤를 따랐다. 이제 침실용 변기 위에 쪼그리고 앉아 일을 보고 나서 펌프나 수레에서 물을 가져오는 대신에 수도꼭지를 돌리기만 하면 5갤런의 물이 쏴아 하고 내려갔다. 1860년에 보스턴에는 수세식 변기가 모두 6500개 있었고, 하수도관의 길이는 160km에 이르렀다. 그리고 호텔의 물 소비량이 크게 늘었다. 보스턴의 트레몬트 하우스는 물을 하루에 2만 5000갤런 이상 사용했고, 파커 하우스는 2만 갤런 이상 사용했다. 1885년 무렵에는 보스턴에서 수세식 변기는 10만 개 이상 설치되었고, 하수도관의 길이는 360km에 이르렀다. 그리고 지름이 2.5m나 되는 시의 주 하수도관으로 연결되는 배수관의 길이는 수천 km나 되었다.

욕실 있는 가정은 없는 가정보다 매일 물을 수백 갤런 더 사용했는데, 욕실이 일상화하자 물 소비량이 엄청나게 치솟았다. 보스턴 시민이 우물물을 사용하다가 수세식 변기를 사용하게 되자, 1인당 하루 물 소비량은 약 10갤런에서 100갤런(현재 사용량과 비슷한 수준)으로 늘어났다. 상수도 체계를 건설하는 과정에서 완전히 새로운 생활방식이 탄생한 것이다.

한편 현미경 기술의 발달로 아주 깨끗한 물속에도 '극미동물'이 들어 있다는 놀라운 사실이 밝혀졌다. 보스턴의 식수에서 미생물이 발견된 직후인 1845년에 인쇄된 한 팸플릿은 늙은 아일랜드인이 현미경을 들여다보는 장면을 묘사했다. 그는 주변의 청중에게 "일찍이 이런 걸 본 사람이 누가 있었던가! 사람들은 위스키를 '한 방울의 짐승'이라고 부르는데, 여기 이 물 한 방울 속에는 천 마리의 짐승이 들어 있다!"라고 외쳤다.

이 불길한 사실이 밝혀지기 이전에는 물은 냄새와 맛, 투명도로 그 질을 판단했으며, 감각에 거슬리지 않는 물은 의심할 이유가 없는 것으로 여겼다. 투명해 보이는 물속에 작은 생물이 바글거리고 있다는 사실은 사람들에게 큰 근심거리를 안겨 주었다. 뉴욕의 일기 작가인 스트롱(George T. Strong)은 1842년 8월 1일에 "뱃속에서 황소개구리가 부화하는 게 아닐까 하는 불안에 떨고 있다"라고 적었다.

대중의 관심과 현미경에도 불구하고, 질병의 원인은 1880년 이전에는 제대로 밝혀지지 않았다. 그해에 파스퇴르가 「몇몇 일반적인 질병의 원인에 세균설을 확대하는 것에 관하여」란 논문을 발표했다. 여기서 파스퇴르는 모호한 독기 개념 대신에 공기나 물에 사는 특정 미생물이 특정 질병을 일으킨다는 이론을 주장했다. 그 후 5년 안에 연구자들은 임질, 말라리아, 장티푸스, 결핵, 디프테리아, 콜레라, 파상풍을 일으키는 미생물의 정체를 밝혀냈다.

그렇지만 미국의 상수도 체계에 가장 큰 영향을 미친 발견은 1884년에 에셰리히(Theodor Escherich)라는 독일의 소아과 의사가 콜레라를 일으키는 병균을 찾기 위해 콜레라 환자의 대변을 현미경으로 본 사건일 것이다. 그 당시 과학계는 미개척 영역이 도처에 널려 있었는데, 에셰리히가 분리한 미생물인 대장균(Escherichia coli)도 현미경으로 들여다보기만 하면 누구나 발견할 수 있는 것이었다.

대장균은 보통 대변 무게의 1/5~1/3을 차지한다. 추가 연구를 통해 대장균은 건강한 사람의 대변 속에도 존재한다는 사실이 밝혀졌다. 사람은 하루에 대장균 세포를 약 2000억 개나 만들어내기 때문에 물속에 들어 있는 대장균의 양은 배설물에 얼마나 오염되었는지 알려주는 훌륭한 지표가 되었다. 물 시료에서 장티푸스균을 발견할 확률은 아주 낮았지만, 대장균이 많이 발견된다면 그 물에 다른 병균이 들어 있을 가능성도 높다고 볼 수 있다.

도시에서 나오는 하수를 가까운 수로로 흘려보내는 것은 상류 지역 주민의 건강 수준을 향상시켰지만, 대신에 하류 지역 주민의 건강에 해를 끼쳤다. 대변을 통해 전염되는 장티푸스는 인간의 주요 사망 원인 중 하나가 되었다. 1880년 장티푸스 사망자는 뉴욕의 경우 인구 10만 명당 32명이었고, 보스턴은 42명, 필라델피아는 58명, 볼티모어는 59명이었다. 오염된 메리맥 강물을 끌어와 사용하던 매사추세츠 주의 로렌스는 1887~94년 10만 명당 80명 이상의 높은 사망률을 기록했다.

선사시대에 방수 용기가 발명된 후, 물은 저장하거나 다공질 용기나 모래층에 통과시켜 거름으로써 정화했는데, 두 경우 모두 침전물이 남았다. 많은 세월이 지난 후 침전제나 응고제를 첨가하여(그러면 물속의 고체 물질이 엉겨서 덩어리가 되어 아래로 가라앉는다) 여과나 침전의 효율을 높이는 방법이 발견되었는데, 이 발견으로 물 처리가 본격적으로 시작되었다.

물 처리에 관한 최초의 기록은 기원전 2000년경에 산스크리트어로 쓰인 의술 서적과 고대 이집트인이 남긴 기록이다. 오늘날 물을 정화하는 데 가장 많이 쓰이는 응고제인 명반은 77년에 플리니우스가 처음 언급했다. 그는 석회와 명반은 물을 정화하는 데 쓰인다고 기술했다. 15세기에 이르러 순수한 명반을 만드는 일은 제조업 수준으로 확대되었고, 1767년 무렵에 영국의 보통 사람들은 1쿼트(약 1.14리터)의 물에 명반 두세 알을 넣어 물을 정제했다. 불순물이 엉겨서 덩어리가 되어 가라앉고 나면, 맑은 윗물을 따라내 사용했다.

1872년 허드슨 강 물을 식수로 사용하던 포키프시(허드슨 강에 면한 뉴욕 주 동남부의 도시)는 모래 여과장치를 만들어 미국 도시 중 최초로 여과한 수돗물을 공급했다. 가정용수나 소규모 산업용수에 엉김과 침전, 여과를 이용하는 것은 먼 옛날부터 행해져 왔으나, 도시의 상수도를 처리하는 데 엉김을 최초로 이용한 사례는 1881년에 영국 볼턴에서 일어났다. 1885년부터 엉김은 여과하기 전의 처리 과정으로 널리 사용되기 시작했다.

1890년대에 미국에서 상수도를 여과해서 공급하는 도시는 거의 없었다. 여과된 물을 마신 유럽인은 2000만 명에 이른 반면, 미국인은 겨우 10만여 명에 불과했다. 대장균에 정식 이름이 붙고 장티푸스와 콜레라와 설사가 수인성 전염병이라는 것이 밝혀지고 나서 몇 년 후, 여과장치가 식수에서 미생물을 제거한다는 것이 알려졌다. 그러자 너도나도 앞다투어 여과장치를 건설하기 시작했다.

여과지를 건설한 도시에서는 수인성 전염병의 발병률이 뚝 떨어졌고, 그 결과는 널리 홍보되었다. 1893년 로렌스 시가 상수도에 여과시설을 도입하자, 장티푸스 사망률이 10만 명당 134명에서 20~30명으로 줄어들었다. 곧 기계적 여과와 모래 여과 방식에 기술 혁신이 잇따라 일어났고, 수십 편의 논문과 책들은 수인성 전염병 사망률과 도시의 상수도 방식을 비교한 도표를 실었다.

1903년 수도설비 개척자인 보스턴의 헤이전(Allen Hazen)은 오염된 상수도를 여과하여 공급할 경우 장티푸스로부터 1명 구할 때마다 다른 원인(물과 아무 관련이 없어 보이는)으로 죽어가는 사람 3명의 목숨도 구할 수 있다는 사실을 발견했다. 상수도와 사망률 사이의 이 상관관계(이것을 '헤이전의 정리'라 부른다)는 상수도 여과를 도시가 최우선적으로 처리해야 할 선결 과제로 올려놓았다. 처음에는 미생물을 마시는 것에 대해 아무도 신경을 쓰지 않았지만, 미생물이 질병의 원인이 된다는 사실이 밝혀지자 대부분의 미국 대도시들은 1910년까지 상수도 체계에 여과장치를 설치했다.

염소를 사용해 물을 정제하는 방법은 1800년에 영국의 크루이섕크(William Cruikshank)가 맨 처음 사용했지만, 도시의 상수도 체계에 도입된 것은 훨씬 훗날의 일이다. 염소를 이용해 수돗물을 살균하는 방법은 시카고 가축수용소(도살장이나 시장으로 보내기 전에 일시적으로 가둬두는)를 통해 1908년에 미국에 도입되었다.

유니언 스톡야드 회사는 하수에 오염된 버블리 강의 물을 가축에게 공급하기로 민간 상수도 회사와 계약을 맺었다. 버블리 강 여과 공장이 들어서서 강물을 여과하고 조류를 죽이는 황산구리로 정제했다. 그러나 그 물을 마신 가축의 체중이 충분히 불어나지 않자, 가축수용소는 시의 수돗물을 다시 사용하기 시작했다. 시카고 시 당국이 유니언 스톡야드 회사를 시의 물을 훔친 혐의로 고소하자, 버블리 강 여과 공장은 황산구리 대신에 표백분(염소 성분이 들어 있음)을 사용했는데, 가축들의 체중이 잘 불어났을 뿐만 아니라 여과한 물은 도시의 수돗물보다도 더 깨끗했다.

그해 말에 저지시티는 더러운 물을 공급했다고 상수도 공급

회사를 고소했다. 염소를 첨가했다는 게 그 이유였는데, 법원은 염소를 첨가한 물은 법적으로 그리고 공식적으로 깨끗하다고 판결했다. 염소를 첨가하면 대부분의 미생물이 죽는다. 그리고 염소 첨가를 여과와 병행하면 아주 안전한 수준의 수돗물을 공급할 수 있다.

장티푸스 사망률은 공중보건 당국이 지역사회의 공중보건을 평가할 때 사용하던 잣대였다. 도시의 상수도를 여과와 염소 첨가 과정을 거쳐 공급하게 되자, 도시 지역에서 장티푸스 사망률이 1900년에 10만 명당 36명이던 것이 1910년에는 20명으로 그리고 1935년에는 3명으로 줄어들었다. 오늘날에는 미국 전역에서 연간 발생하는 장티푸스 발생 건수도 수십 건에 불과하다.

〰

상수도 및 하수도 지도는 도시의 혈관망을 보여준다. 물은 깨끗한 저수지나 깊은 우물에서 관으로 끌어와 수십만 가구의 가정으로 보내진다. 각 가정에서는 수도꼭지나 손잡이를 돌려 식수를 사용하고 변기 물을 내린다. 수많은 배수관은 다른 것들과 함께 주 하수도관으로 연결되며, 이 거대한 지하 강에는 매일 수백만 시민이 배설한 배설물과 함께 수억 갤런의 물이 흘러가다가 어느 지점에서 수로로 들어간다. 오늘날 뉴욕 시의 상수도 체계는 560km 이상의 수도관과 하루에 약 15억 갤런(허드슨 강 상류의 유량과 거의 비슷한)의 물을 공급하는 27개의 인공호수로 이루어져 있다.

하천에 유기물을 버리면 구성 성분으로 분해되고, 그것을 미생물이 먹어치운다. 그런데 미생물이 먹이를 처리하는 과정에는 산소가 필요하다. 수생 생태계는 물속에 포함된 유기물에서 연료를 얻고, 흐르는 물은 자정 능력이 있기 때문에 토목공학자나 일반 대중이나 모두 수로를 쓰레기 처리 장소로 무한정 사용할 수 있다고 믿어왔다. 그리고 더러운 물은 여과와 염소 첨가를 통해 정화하면 사람들이 수인성 전염병에 걸리는 것을 막을 수 있다고 믿었다.

19세기와 20세기 초에 공장 폐수를 하천으로 내다버린 산업 중에는 설탕 정제 공장, 통조림 공장, 펄프 및 제지 공장, 섬유 공장, 유제품 제조 공장, 정육업체, 무두질 공장 등이 포함돼 있었는데, 대부분 도시의 하수도관으로 공장 폐수를 버린 게 아니라 개별적으로 관을 설치해 가까운 하천에다 바로 내다버렸다. 산업폐기물 중 대부분은 단순한 유기물이었으므로(무두질 공장과 섬유 공장에서 나오는 악취가 심한 물질을 제외한다면. 이들 공장에서는 섬유를 분해하기 위해 여러 가지 화학물질을 사용했다) 물속에 산소만 충분하다면 하천은 유기물을 동화할 수 있었다(단 물속에 사는 생물이 유해한 물질에 중독당하거나 질식하지 않는다면).

그러나 1912년 무렵에 수질오염에 대한 불안이 커지자, 의회는 하천 오염 실태를 조사하게 했다. 공중위생국은 위생 기사, 화학자, 생물학자, 세균학자, 의사로 이루어진 팀을 조직해 하천이 흡수할 수 있는 폐기물의 양과 다양한 종류의 폐기물을 분해하는 데 필요한 산소의 양, 산업폐기물을 처리하는 다양한 방법의 효율성을 조사하게 했다. 그렇게 해서 나온 한 가지 결과가 하천이 동화할 수 있는 폐기물의 양을 보여주는 '산소 부족 곡선'이다. 하천의 용존산소량을 측정할 수 있었는데, 다양한 폐기물을 분해하는 데 필요한 산소량은 특정 시간과 온도에 따라 달라졌다. 용존산소량은 은행이 보관하고 있는 현금과 같으며, 공기가 물에 녹아듦에 따라 계속 공급된다. 폐기물은 수표와 같아서 그것이 들어오면 그만큼 산소가 없어진다.

스트리터-펠프스 모형(이를 개발한 두 위생 기사의 이름을 딴 것이다)이 산업 오염과 인간 오염이 하천에 미치는 영향을 평가하는 표준 방법이 되었다. 어떤 경우에는 산소 연구를 세균 연구와 결합하여 하천의 위생 상태와 폐기물 희석의 적절성을 평가하는 척도로 삼았다. 산업폐기물은 인구당량(population equivalent. 공장 폐수가 표준 가정 하수 몇 명분에 상당하는가를 표시한 수치)으로 표시했다. 불행하게도, 산업폐기물에 무기 물질이나 독성 성분이 포함돼 있을 때에는 용존산소량은 그 의미가 없어진다. 이 약점은 2차 세계대전 이후에야 드러났다.

10

수로로 흘러드는 오염물질

1940년 이전에 화학 분야에서 혁명이 일어났는데, 전쟁과 전후 재건의 필요 때문에 화학 분야의 새로운 지식이 실용적으로 많이 활용되었다. 2차 세계 대전 직후에 일어난 기술 혁명은 산업과 농업, 운송, 통신 분야에 큰 변화를 가져왔다. 새로운 산업 과정과 제품은 수천 가지의 새로운 화학물질을 만들어냈고, 산업 폐수는 갈수록 독성이 강해졌다. 발전소에서 나오는 폐열도 수로로 배출되었기 때문에 하천의 용존산소량이 크게 감소했다. 도시 인구가 크게 늘어나면서 하수 배출량도 급증했다. 광산의 채굴 작업도 규모가 커지면서 수로로 흘려보내는 오염물질의 양이 많아졌고, 농업 분야에서도 화학비료와 살충제, 제초제를 많이 사용하면서 하천으로 흘러가는 농약 성분이 늘어났다. 이미 단순해져버린 수생 생태계에 이러한 새로운 오염물질들이 미치는 영향은 재앙에 가까운 것이었다.

화학을 통한 삶의 질 향상은 전후의 시대정신이었고, 합성유기 화학물질 생산량은 1940년에 45만 톤 미만이던 것이 1970년에는 7200만 톤 이상으로 늘어났다. 오늘날 널리 사용되는 합성 화학물질의 종류는 약 7만 가지나 되며, 매년 새로운 화학물질이 약 1000가지나 쏟아져 나온다. 새로 만들어진 물질들 중 상당량은 환경 속에 그냥 버려지는데, 그중에는 환경에 나쁜 영향을 끼치는 것들도 있다.

1944년에 살충제로 판매되기 시작한 DDT는 염화탄소수소계 농약 중 최초로 개발된 것으로, 그 뒤를 이어 2,4-D('에이전트 오렌지'라는 상표명으로 유명한 제초제), 헵타클로르, 디엘드린, 엔드린, 알드린, 미렉스*가 속속 개발되었다. 이들 물질은 눈에 보이지 않을 만큼 소량만 몸에 흡수되어도 암에 걸릴 위험이 커지고, 한 줌 정도의 양이 들어오면 즉사할 수 있다. DDT가 처음 나왔을 때 그 장점은 아주 명백하게 보였다. 해충을 죽임으로써 농산물 생산비용을 크게 줄여줄 것으로 기대

---

*DDT와 관련이 있는 물질로, 미국 남서부에서 불개미의 확산을 막는 데 사용되었다.

되었다. 그러나 그 단점은 잘 보이지 않았다.

　DDT가 환경 속으로 확산되기 전까지는 사람들은 자연적 과정이 화학물질을 희석해 사실상 사라지게 한다고 생각했다. 그것은 그럴듯한 생각이었지만, 생물권은 특정 분자들을 농축시키는 경향이 있다는 사실을 간과했다. DDT는 0.003ppt(1조분의 3 그러니까 300만 갤런의 물속에 한 방울 정도)라는 극히 낮은 농도로 하천으로 흘러들더라도, 물속에 사는 생물들의 몸속에 축적된다. 동물성 플랑크톤의 몸속에 농축된 DDT의 농도는 40ppb(10억분의 40)였고, 그 동물성 플랑크톤을 먹고 사는 작은 물고기의 지방에서는 5ppm(100만분의 5)이었으며, 물고기를 잡아먹는 독수리나 펠리칸 같은 새의 지방에서는 25ppm이었다. 비교적 짧은 시간에 생물들의 몸속에 축적된 DDT의 농도는 물속에 녹아 있는 DDT의 농도보다 800만 배나 높아졌다.

　DDT의 농도가 이렇게 높으면, 칼슘 대사에 이상이 생겨 알껍데기에 칼슘을 충분히 공급할 수 없게 된다. 그래서 먹이사슬에서 높은 곳에 위치한 새들은 알껍데기 대신에 막으로 둘러싸인 알을 낳기 시작했다. 그 결과 갈색사다새, 물수리, 대머리수리를 비롯해 물고기를 잡아먹는 새들이 거의 멸종하기 직전에 이르렀다.

　PCB(폴리염화바이페닐)는 1929년에 처음 생산되어 가소제로 사용되었고, 페인트와 수지를 만드는 데에도 쓰였다. 이 새로운 물질은 편리하게도 비활성의 성질을 지니고 있어 전기 절연체로 광범위하게 쓰였다. PCB가 독성이 있다는 것은 알려져 있었지만, 절연 재료는 항구적으로 그곳에 설치돼 있으니 염려할 게 없다고 생각했다. PCB가 생물의 체내에 축적되고, 절연체는 지구의 관점에서 볼 때 수명이 하찮다는 사실이 알려질 무렵, 물범들이 지느러미가 들러붙은 새끼를 낳기 시작했다. 결국 PCB는 돌연변이 유발 물질이자 발암 물질일 뿐만 아니라, 치사량에 가까운 농도가 축적되면 포유류 새끼를 기형으로 태어나게 하는 기형 발생 물질임이 밝혀졌다.

  DDT나 PCB처럼 예상 밖의 부작용을 빚어낸 화학물질들 중 일부는 유익한 제품이었기 때문에 알고서도 많이 생산하여 환경 속으로 배출했다. 그 밖에 산업 과정의 부산물로 나온 여러 가지 유기 화합물과 중금속 물질이 하천으로 쏟아져 들어갔다. 예컨대 수은은 가성소다(수산화나트륨)와 아세트알데히드의 제조 과정에 촉매로 쓰였다. 1940년대에 가성소다 1톤을 생산할 때마다 약 180g의 수은이 하천으로 흘러갔다. 수은은 우레탄이나 염화비닐 같은 플라스틱 제품을 제조하는 데에도 쓰였다. 전기 산업에서는 전지와 무음 스위치(수은 스위치), 아주 밝은 가로등, 복사기, 형광등을 만드는 데 많은 양의 수은을 사용한다. 1969년 미국의 연간 수은 소비량은 3000톤 이상으로 역대 최고를 기록했다.

  하천으로 배출된 수은은 바닥에 가라앉아 다른 물질과 반응하지 않고 머물러 있을 것이라고 생각했다. 그러나 바다의 진흙 속에 살고 있는 혐기성 세균은 수은을 메틸수은이라는 유기화합물로 변화시키며, 메틸수은은 사람을 포함해 생물의 몸속에 축적된다. 일본 미나마타에서는 1932년에 한 질소비료 공장이 아세트알데히드를 만드는 과정에서 폐수와 함께 수은을 바다로 방류하기 시작했다. 1950년대 초에 그 공장이 그 당시 일본에서 유일하게 제조 과정에 아세트알데히드를 사용하는 질소비료 공장이 되자 수은 배출량이 급격히 늘어났다. 당연히 수은은 먹이사슬을 통해 바다 생물의 몸속에 축적되었다.

1956년 4월 지역 주민 사이에 중추신경계에 이상이 생긴 환자가 다수 발생했는데, 나중에 이 병은 미나마타병이라 부르게 되었다. 고양이들이 죽어가기 시작했고, 미나마타 공장 병원의 소아과 병동에는 뇌에 손상을 입은 어린이들로 가득 찼다. 중독의 원인으로 물고기가 의심을 받았는데, 2년 뒤 구마모토 현은 미나마타에서 잡은 생선의 판매를 금지했다. 1959년에 미나마타병의 원인이 수은 중독으로 밝혀지자, 공장은 수은 배출량을 줄였지만 1968년까지는 배출을 완전히 중단하지 않았다. 1969년 공장 경영자들이 기소되었고, 4년에 걸친 소송 끝에 뇌 손상을 입은 3000명 이상의 희생자들에게 배상을 하기로 결정났다.

극소량으로도 포유류의 면역계와 생식계에 영향을 미치는 맹독성 발암 물질인 다이옥신(디옥신이라고도 함)은 제초제나 살

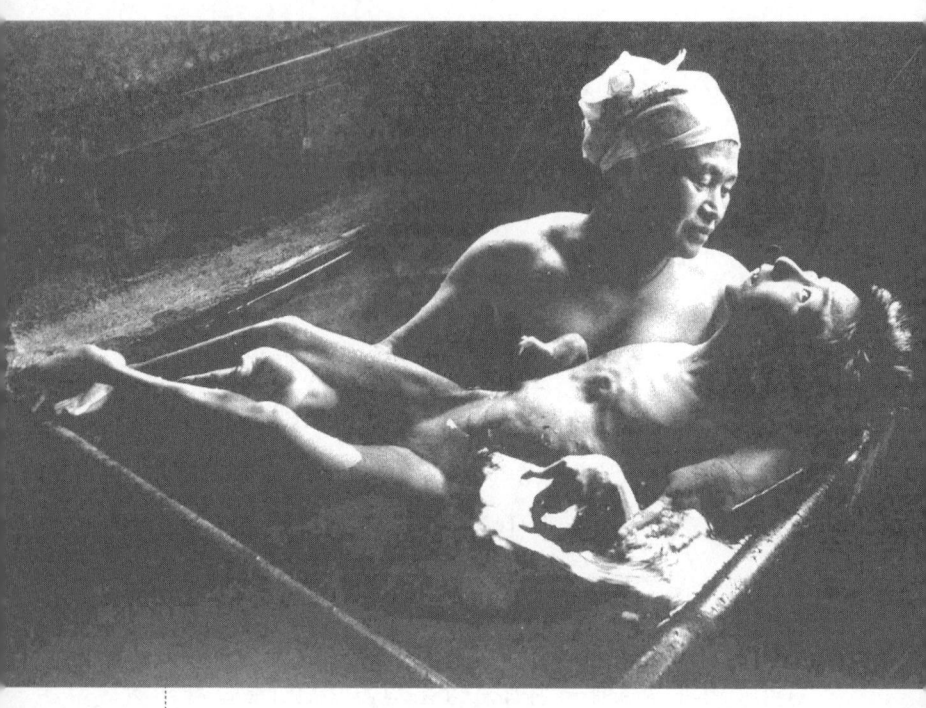

1956년 일본의 구마모토 현에서 집단 발생한 미나마타 병은 인근 공장에서 배출한 수은이 원인이었다. 수은에 중독된 미나마타 강의 물고기를 먹은 사람들은 뇌에 손상을 입고 중추신경 이상으로 사지, 혀, 입술의 떨림, 혼돈 그리고 진행성 보행 실조, 발음장애 등의 고통을 받으며 죽어갔다.

균제를 비롯해 그 밖의 유용한 화합물을 만드는 과정에서 생겨나는 부산물이다. 유기염소계 분자가 만들어지거나 파괴될 때마다 비슷한 독성 분자들과 함께 생겨난다. 다이옥신은 종이를 만들 때 사용하는 염소 표백 과정과 PVC 플라스틱 같은 물질이나 펜타클로로페놀 방부제로 처리한 나무를 태울 때 발생한다. 이런 제품들을 생산하는 산업 과정을 금지하지 않는 한 다이옥신의 발생을 막을 수 있는 방법은 없다.

환경으로 배출되는 새로운 화학물질 중 일부는 어떤 물질이 호르몬인지 아닌지 판별하는 능력이 떨어지는 체내의 에스트로겐 수용기와 반응하는 것으로 알려졌다. 액체 세제와 화장실 용품에 계면활성제로 사용되는 노닐페놀 폴리에톡실레이트는 에스트로겐 유사 물질이다. 가정에서 쓰이는 용기와 각종 장비에 널리 사용되는 폴리카보네이트 플라스틱은 에스트로겐 유사 물질인 비스페놀 A를 사방에 흩뿌리는데, 그 효과가 얼마나 강한지 2~5ppb의 농도만으로도 파충류와 어류, 갑각류, 조류, 포유류의 호르몬 반응을 증가시킨다.

살충제로 널리 사용되는 엔도술판도 에스트로겐처럼 행동하는데, 과일이나 채소에 극소량만 잔류해도 사람을 포함해 많은 종의 체내에서 호르몬 활동을 자극한다. DDT와 PCB, 다이옥신, 아트라진을 비롯해 40여 종의 화합물(그중 많은 것은 가정에서 흔히 사용하는)이 호르몬에 영향을 미치는 물질로 드러났다. 이 물질들이 체내에서 분비되는 에스트로겐의 양을 증가시키는 것은 아니지만, 신체는 호르몬 수치가 증가한 것으로 인식한다.

암컷이 어떤 영향을 받는지는 명확하게 밝혀지지 않았지만, 표범에서부터 앨리게이터에 이르기까지 많은 동물 종의 수컷은 이 물질들에 노출된 결과로 정자수가 감소하고 고환이 작아지는 것으로 나타났으며, 일부 물고기 수컷은 양성의 생식기가 모두 발달하기도 했다. 전 세계에서 사람의 정자수는 1940년대 이후로 크게 줄어들었는데, 점점 더 많은 생물학자들이 에스트로겐 유사 물질에 노출된 환경이 그 원인이 아닌가 의심하고 있다.

수로로 배출되는 새로운 독소들은 대부분 화학 산업에서 나오는 것이지만, 다른 산업 분야들도 그런 독소를 배출한다. 종이와 펄프를 만드는 공장에서는 황, 염소, 수산화나트륨, 탄산나트륨, 황산나트륨, 염소산나트륨, 이산화티탄, 황산알루미늄을 대량으로 사용하는데, 이것들은 모두 폐수와 함께 배출된다. 섬유 산업도 폐수를 하천으로 마구 버려왔다. 예를 들어 양모를 탄화할 때 강산을 사용해 불순물인 섬유소를 제거하고 소다회로 세척한다.

무명 섬유는 천을 짤 때 받는 압력에 견뎌낼 수 있도록 하기 위해 풀을 먹인다. 1960년 이전에는 여기에 대개 전분을 사용했고 풀기를 제거할 때에는 효소를 사용했는데, 일정량의 작업이 끝난 뒤에는 사용한 효소를 그냥 하천으로 흘려보냈다.

그러고 나서 뜨거운 알칼리성 세제, 가성소다(수산화나트륨), 소다회 등을 사용해 정련(섬유를 순수하고 깨끗한 것으로 만들기 위하여 불순물을 없애는 것) 과정을 거쳤다. 그리고 머서가공*을 할 때에는 가성소다와 황산을 첨가한다. 염색은 화학의 악몽이었는데, 섬유 공장이 있는 도시를 흐르는 강물은 매일 바뀌는 염색약에 따라 색깔이 변했다.

1950년대에 개발된 합성섬유 중 많은 것은 방수성이 있었기 때문에 풀 먹이는 방법을 새로 개발해야 했다. 전분에 담그는 대신에 폴리비닐알코올이나 카르복시메틸 셀룰로오스, 폴리아크릴산에 담그는 방법이 사용되었다. 그리고 레이온과 폴리에스테르 같은 합성섬유는 효소를 사용해 풀기를 제거하는 방법 대신에 황산을 사용해야 했는데, 여기에 사용된 산은 결국 가까운 하천이나 호수로 흘러갔다.

강철 합금을 제조하는 데에는 몰리브덴, 크롬, 바나듐, 니켈을 비롯해 미량만으로도 강한 독성을 나타내는 금속이 사용되었다. 묽은 산성 용액에 강철을 담그는 단련 과정에는 상당히 많은 양의 시안화물이 쓰였다. 이 물질들 역시 하천으로 흘

---

* mercerization. 면사 또는 면직물이나 면혼방 직물에 하는 마무리 처리법. 이 처리를 거치면 광택이 좋아지고 강도와 염색성도 증가한다. 섬유의 부풀림을 계속 유지시켜 주는 머서가공은 섬유를 늘여 수축을 방지하면서 가성소다 용액에 담근 뒤 다시 산성 용액으로 중화하는 방법이다. 가성소다가 면직물에 미치는 이 효과는 1844년에 영국의 캘리코 염색업자인 존 머서(John Mercer)가 발견했다.

러갔고, 일부 물질들은 상승 작용을 통해 혼자 있을 때보다 훨씬 강한 독성을 나타냈다.

한 예를 들자면, 1960년대 초에 미시간 호로 흘러들어가는 캘러멧 강에는 시카고와 게리, 해먼드 주변에 밀집한 산업 단지에서 하루에 석유 4만 4000kg, 암모니아 1만 5700kg, 페놀 1600kg, 시안화물 1400kg이 쏟아져 들어오고 있었다.

분해하는 데 산소가 필요한 유기 폐기물도 강으로 배출되는 양이 점점 증가했다. 식품가공 산업은 육류 처리과정에서 나온 털과 찌꺼기, 피를 하천에다 내다버렸고, 유제품 가공공장에서는 찌끼와 유장(치즈를 만들 때 우유가 응고한 뒤 분리되는 액체)을 버렸으며, 설탕 정제공장과 맥주 공장, 증류주 공장, 통조림 공장, 냉동식품 공장에서는 찌꺼기를 버렸다. 1960년대 초에 캘리포니아 주의 센트럴밸리에 위치한 식품가공 공장들은 매년 통조림과 냉동식품을 만드는 계절에 5억 kg 이상의 식물 쓰레기를 하천에다 버렸다. 1960년대 중반까지 오마하의 가축 수용소와 포장 공장들은 쓰레기를 미주리 강에다 버렸으며, 강 일부가 종종 동물 피로 빨갛게 물들곤 했다. 털과 내장, 굳은 지방 덩어리가 하류로 떠내려가 섬이나 강변에 모여 쌓였다.

1940년 이후 도시 인구가 크게 늘어나자, 이전에는 수십만 개의 변기가 연결돼 있던 하나의 주 하수도관에 수백만 가구의 가정에서 배수관이 연결되었다. 한 지점에서 배출되는 고체 물질의 양이 더 늘어났고, 많은 도시에서는 배설물과 화장지가 해변을 오염시키는 걸 막기 위해 하수처리장을 지었다. 1차 하수처리장은 하수에서 대부분의 고체 물질을 제거하지만, 세제를 포함한 화학물질은 전혀 처리하지 못한다.

1946년까지 사람들은 비누를 사용해 빨래를 했지만, 합성세제가 나오자마자 모두 그것을 사용하기 시작했다. 합성세제 분자는 기다랗고 비대칭적인 모양을 하고 있다. 세제 분자는 한쪽 끝은 때를 끌어당기고, 반대쪽 끝은 물을 끌어당김으로써 젖은 빨래에서 때를 떼어낸다.

세제 분자에는 직선 모양과 가지를 친 모양의 두 가지가 있는데, 비누 거품이 이는 정도에는 차이가 나지만 세정력에는 별 차이가 없다. 직선 모양 분자의 거품은 금방 꺼지는 반면, 가지 모양 분자의 거품은 아주 느리게 꺼진다.

1960년대 초에 합성세제 제조사들은 어느 제품의 거품이 오래 가느냐를 놓고 치열한 광고 공세를 펼쳤는데, 이 광고전의 패자는 하천이었다. 시내와 강, 호수가 거품으로 덮이기 시작했다. 거대한 비누 거품 덩어리가 강변으로까지 올라오는 지역도 많았다. 나이아가라 폭포 아래쪽에는 변색된 세제 거품이 2.4m 높이로 쌓여 있었다.

세제에는 세제 분자의 세정 효율을 높이기 위해 물을 연하게 하는 인산염 첨가제도 들어 있었다. 환경운동가인 코모너(Barry Commoner)는 1971년에 쓴 『닫히고 있는 원』이란 책에서 1940~70년 도시 하수에 포함된 인산염의 양이 매년 2만~15

만 톤씩 증가했다고 지적했다.

　인은 육지뿐만 아니라 물속에서도 생물의 생장에 꼭 필요한 원소이다. 하수에 포함된 똥오줌에는 인이 많이 들어 있어 하수가 흘러드는 하천에 영양분을 공급해 왔는데, 세제에 포함된 인산염까지 추가되자 조류가 급속하게 불어나기 시작했다. 유기물 쓰레기는 수생 생태계가 감당할 수 없을 정도로 영양분을 과다하게 공급했다. 바닥층의 물은 금방 산소가 고갈되었고, 혐기성 세균이 번식하여 바닥층에 쌓인 물질이 썩으면서 거품을 내기 시작했다. 위층에서 풍부한 인 덕분에 조류가 엄청나게 불어나면서 나머지 생물은 살 곳이 없어졌다.

〰

　아메리카 대륙 전체를 놓고 볼 때 수로를 오염시킨 것은 산업과 도시뿐만이 아니었다. 농업 부문에서도 화학비료와 살충제와 제초제를 사용했고, 석탄 광산은 시내와 개천으로 황산을 흘려보냈으며, 광석에서 금속을 뽑아낼 때 시안화물을 시약으로 사용했다.

　20세기 처음 수십 년 동안 석탄 수요가 크게 증가하자 탄광의 수와 규모도 커져갔다. 석탄층이 밖으로 노출되면, 석탄 속에 들어 있는 황이 물과 공기와 접촉하면서 황산이 만들어진다. 탄광에서 물이 빠져나오면 거기에 황산이 섞여 수로로 흘러든다. 탄광에서 채탄 작업을 하든 않든 탄광의 석탄 부스러기에 빗물이 떨어지면 황산이 계속 만들어진다. 만약 노천 탄광에서 채탄 작업을 하면, 노출된 전체 석탄층에서 황산이 스며나온다. 노천 채굴은 경제성은 좋지만, 척박한 심토를 표면에 남겨놓고 하천을 오염시켜 유역의 환경을 크게 훼손한다. 1939년 웨스트버지니아 주는 미국의 주들 중에서는 최초로 노천 채굴한 땅은 반드시 원상 회복하도록 정했는데, 곧이어 다른 주들도 그 뒤를 따랐다.

1930년대 후반에 미국의 탄광들은 연간 약 250만 톤의 황산을 쏟아내는 것으로 추정되었다. 오하이오 강 유역에서는 탄광에서 나오는 물이 특별히 큰 문제가 되었다. 1960년대에는 채탄 중인 1200여 개의 탄광에서 연간 약 150만 톤의 황산이 수로로 흘러드는 것으로 추정되었고 수천 개의 폐광에서도 적지 않은 양의 황산이 새어나왔다. 석탄을 채굴하는 곳에서는 어디서나 수로가 산성화되었다. 1967년까지 펜실베이니아 주에서만 석탄에서 흘러드는 산성 물 때문에 3200km에 이르는 하천이 죽음의 하천으로 변했다.

광산과 마찬가지로 농업 부문에서도 기계와 화석연료가 노동력을 대체했고 거기다가 온갖 화학물질까지 뿌려댔다. 비료가 땅을 대체하고, 제초제가 노동자를 대체했으며, 합성 살충제가 곤충을 방제했다. 농부들은 이전부터 수로에 실트를 흘려보냈지만, 전후 시대에는 화학물질까지 흘려보냈다.

1940년대 이전에는 농부들은 자신의 지혜로 지력을 유지하고, 질병과 해충에 대항했다. 풍년을 가져오는 데에는 기도와 의식도 한몫을 했다. 20세기까지만 해도 그레이트플레인스 지역의 일부 농부들은 보름달이 떴을 때 벌거벗고서 밀밭에 씨를 뿌렸다. 농부의 아내는 남편 앞에서 고랑을 따라 걸어갔고, 남편은 달빛을 받으며 씨를 한 움큼씩 쥐고 아내의 엉덩이를 향해 던졌다. 그들은 서늘한 기후에서 자라는 식물(밀, 호밀, 아마, 귀리)과 따뜻한 기후에서 자라는 식물(메밀, 기장), 뿌리가 깊은 식물과 얕은 식물, 광엽 초본과 풀, 환금작물과 지력을 높여주는 콩과 식물을 번갈아 심으며 돌려짓기를 했다.

살충제는 오랫동안 계속돼 온 곤충과의 지긋지긋한 전투에서 농부들을 해방시켰다. 화학비료는 거름보다 더 값싸고 농축된 영양분을 제공했고, 돌려짓기는 더 이상 필요 없는 것처럼 보였다. 제초제는 영양분과 빛을 놓고 농작물과 경쟁을 벌이는 잡초를 제거해 주었다. 새로운 다수확 품종과 화학 약품과 비료, 관개시설, 석유로 움직이는 기계의 도움으로 풍작은 따놓은 당상이나 다름없었다. 질소를 많이 소비하는 옥수수도 한곳에서 해마다 수확할 수 있었다. 잠깐이긴 했지만, 식량 생산은 더 이상 자연에 의존할 필요가 없는 것처럼 보였다.

그렇지만 산업화된 영농 방식의 단점 중 일부는 금방 드러났고, 나머지 단점들은 수십 년이 지난 후에야 서서히 드러났다. 살충제의 부작용이 맨 먼저 나타났다. DDT가 생물의 체내에 축적된다는 사실이 밝혀졌고, 알을 많이 낳는 곤충의 높은 적응력도 드러났다. 아무리 독성이 강한 살충제를 뿌려도 일부 곤충은 살아남아 그 살충제에 저항력을 가진 후손들이 번식해 다시 농작물을 공격했다. 또 살충제는 해충을 잡아먹던 천적 곤충들을 죽이는 바람에 생태계에서 자연적인 견제 장치를 제거했다. 그리고 독성물질들은 수로로 흘러들어갔다. 1960년대에 살충제는 분해가 더 빨리 되는 것으로 바뀌었고, 오늘날 미국 내에서 살충제 사용량은 연간 25만~37만 5000톤(1인당 1~1.5kg에 해당)에 이르는데, 곤충이 먹어치우는 전체 농작물의 양은 살충제를 사용하기 이전 시대와 비슷하다.

화학비료는 토양에 유기물을 전혀 공급하지 않기 때문에 토양은 지력을 잃기 시작했다. 농작물의 잔여물과 동물의 거름을 공급해 주지 않자, 토양 속의 유기물은 소비만 되고 보충되지 않았다. 토양의 지력이 떨어지자 화학비료를 더 많이 써야 했다. 1949년에 일리노이 주의 농부들은 미국 농무부 기준 농작물 생산 단위당 질소비료를 1만 1000톤 사용했는데, 20년 뒤에는 같은 양을 생산하는 데 질소비료를 5만 7000톤이나 사용했다. 질소가 농작물과 결합하는 효율은 5배나 감소했고, 농작물에 흡수되지 않은 질소는 생태계로 흘러들어갔다. 특히 이전에 사막이었던 지역에서 농작물을 재배하기 위해 물을 저수지에 가둬놓고 관개를 하는 서부에서는 관개에 사용된 물이 염분과 광물질과 화학물질을 잔뜩 머금은 채 하천으로 흘러갔다.

1960년대에 들어서는 댐과 수로와 배수로, 준설 등으로 인해 미국의 수로들이 갈기갈기 쪼개졌다. 유역에서는 이전에 물을 정화해 주던 습지와 숲이 사라졌고, 하천역은 황량하게 남겨지는 경우가 많았으며, 지하수에 물을 공급해 주던 방목지는 하천으로 흙을 흘려보내게 되었다. 수생 생태계는 사방에서 스트레스를 받았고, 물의 순환은 화학물질과 유기물의 공격 앞에 제대로 대처하지 못해 강과 호수가 죽어가기 시작했다.

오대호 중에서 가장 얕은 이리 호(초기의 프랑스 탐험가들이 '감미로운 바다'라고 부른)는 특히 화학물질과 유기물 쓰레기로 큰 타격을 입었다. 북쪽 연안을 따라 실트와 농사에 사용된 화학물질이 흘러들어왔다. 남쪽 연안에서는 버펄로, 클리블랜드, 털리도, 디트로이트에서 매일 수억 갤런의 하수가 흘러왔고, 산업 폐수도 막대한 양이 쏟아져 들어왔다.

1960년대 중반에 이리 호로 흘러드는 주요 강들은 모두 심하게 오염되었다. 버펄로 강은 석유, 페놀, 염료, 유기물질, 철, 산, 하수, 그 밖의 기괴한 유기 화합물로 범벅이 되었다. 대장균 수는 물 $100 ml$당 50만 마리에 이르렀고, 실지렁이나 거머리도 그렇게 오염이 심한 바다의 퇴적층에서는 살 수 없었다. 디트로이트 지역에서는 매일 900만 kg의 오염물질이 섞인 하수 16억 갤런을 이리 호로 흘려보냈다. 애크런과 클리블랜드를 지나 이리 호로 흘러드는 쿠야호가 강은 어떤 날은 짙은 갈색을, 어떤 날은 녹슨 것처럼 시뻘건 색을 띠었다. 강은 통나무와 석유, 폐타이어, 페인트, 화학물질로 가득 차 있어 클리블랜드 시는 화재 위험이 있다고 경고했는데, 실제로 1969년에 강에 불이 나 유독한 화염이 60m 높이로 치솟으며 철도 교량 2개를 불태웠다.

오대호가 모두 오염되었지만, 그중에서 크기가 제일 작은 이리 호가 가장 큰 타격을 입었다. 무한정 쏟아져 들어오는 화학물질과 유기물 쓰레기를 감당하기에는 오대호가 너무 작은 게 아닌가 하는 조짐은 1953년에 처음 나타났다. 브릿(Wilson Britt)이라는 호소생물학자는 이리 호 서쪽 끝부분에서 늘 하던 것처럼 바닥 시료를 채취하다가 하루살이 유충이 사라졌다는 사실을 발견했다. 이전에는 평방미터당 400~1000마리가 존재했는데, 이제는 기껏해야 40~50마리만 존재하거나 아예 존재하지 않았다. 그 대신에 빈모류*에 속하는 실지렁이가 많이 존재했는데, 실지렁이는 산소가 부족한 환경에서도 잘 살아가도록 적응한 동물이다. 5년 뒤 호수 중앙 부분의 2600평방마일은 산소가 전혀 없는 지역으로 밝혀졌다. 즉 수면 아래의 물속에 산소가 전혀 녹아 있지 않았던 것이다. 조류가 60cm 두께로 자라 수백 평방마일의 수면을 덮었다. 수천 에이커에 이르는 조류 덩어리가 떨어져 나와 호숫가로 밀려 올

---

* 貧毛類. 환형동물문 빈모강에 속하는 동물들. 현재 살아 있는 것은 약 3200종이며, 가장 잘 알려진 것은 지렁이이다.

라와 호수로 유입되는 물과 호숫가를 더럽혔다.

이리 호의 오염물질이 미치는 영향은 곧 주변 지역으로 확산돼 갔다. 1950년대에 버펄로 근방에서 살충제 미렉스를 생산했는데, 그 일부가 이리 호로 누출되었다. 1960년대 초까지 그것은 바다 퇴적층에 잘 묻혀 있는 것처럼 보였는데, 세인트로렌스 강 하구에서 흰돌고래 시체가 강변으로 밀려오기 시작했다. 대부분은 미렉스에 중독되어 죽었는데, 그 장기들이 독성물질에 절어 있어 흰돌고래 자체가 유해 폐기물이나 다름없었다. 이리 호의 암컷 뱀장어가 산란을 위해 사르가소 해로 돌아갈 때에는 나이아가라 강과 세인트로렌스 강 하구를 지나가야 한다. 그런데 뱀장어가 여행하는 동안 사용하기 위해 축적한 지방에는 미렉스를 비롯해 화학물질이 많이 포함돼 있었다. 세인트로렌스 강 하구의 흰돌고래는 1년에 뱀장어를 평균 90kg 정도 잡아먹었는데, 그중 많은 흰돌고래가 죽었다. 오래전에 수로로 흘러들어간 미렉스가 아직도 환경 속에서 순환하고 있었던 것이다.

1960년대에 이르러 이리 호를 둘러싼 유역은 완전히 변했다. 비버가 사라지고, 숲이 사라지고, 농경지로 개간되고, 하천에서 물고기가 사라지고, 이리 호로 흘러들던 강들은 준설되고, 수로가 변경되고, 댐이 건설되었다. 도시 하수와 산업폐수는 줄어들지 않았고, 감미로운 바다는 더 이상 전혀 감미롭지 않았다.

전국의 수로 역시 이리 호와 사정이 별반 다르지 않았다. 그럼에도 불구하고 50년대가 끝날 무렵 미국 정부는 악화돼 가는 자연 환경에 대해 별로 신경 쓰지 않았다. 미국의 관심사는 오로지 경제였고, 경제는 잘 굴러갔다. 아이젠하워 대통령은 두 번째 임기 후반에 다가오는 1960년대에 미국이 지향해야 할 목표를 정하기 위해 위원회를 설립했다. 1960년 11월에 제출된 위원회의 보고서는 모두 372쪽 분량으로 작성되었지만, 거기서 수질오염과 대기오염을 다룬 부분은 겨우 다섯 단락뿐이었다. 1960년대에 미국이 관심을 가지고 추진해 나갈 목표는 모두 15가지가 선정되었는데, 환경은 거기에 포함되지 않았다.

〰

그렇지만 교외 지역이 성장하고, 핵실험에 대한 대중의 불안이 커지고, 환경으로 유입되는 화학물질의 위험에 대한 교육이 강화되면서 환경운동의 토대가 마련되었다.

전후에 번영을 누리던 시기인 1950년대에 블루칼라 노동자들은 교외 지역으로 이주하면서 자동차를 구입했다. 자동차 덕분에 하이킹이나 낚시, 자연 풍경 촬영 같은 야외 활동이 손쉬워졌고, 유람선이나 여름 캠프 같은 것도 더 이상 부자들의 전유물이 아니었다.

일반 대중이 자연계의 즐거움을 재발견하고 있을 때 초강대국들은 핵실험을 계속했다. 1951년까지 미국은 모두 16개의 핵폭탄을 터뜨렸고, 소련은 13개를 터뜨렸다. 그다음 해에는 영국도 최초의 핵실험을 감행했다. 폭발은 외딴 장소에서 일어났고 그 결과는 비밀에 부쳐졌지만, 새로 설립된 원자력위원회가 핵실험이 있었지만 거기서 발생한 방사능은 잘 통제되어 일반 대중에게는 아무런 위험이 없다는 내용의 간략한 보고서를 발표했다.

1953년 핵실험 장소에서 수천 km 떨어진 뉴욕 주 트로이에 쏟아진 호우를 분석한 결과, 방사능 농도가 아주 높은 것으로 밝혀졌다. 이 사실은 아주 우연히 발견되었다. 근처 대학 실험실에서 방사능 물질을 가지고 실험을 하던 물리학자들이 배경 방사능 수치가 급증한 것을 발견한 것이 계기가 되었다. 공식적인 보고서는 없었지만(그것은 정부가 요구한 비밀 준수 규정에 위배되었다), 전국의 물리학자들이 개인적으로 방사능 수치를 측정하기 시작했다.

방사능은 모든 곳에 퍼져 있었다. 비, 흙, 식품, 물도 바람에 불려온 방사성 낙진에 오염돼 있었다. 방사성 낙진은 1956년에 스티븐슨(Adlai Stevenson)과 아이젠하워가 붙은 대통령 선거 때 핵심 쟁점이 되었다. 과학자들과 시민 지도자들은 사친회 모임, 교회, 시민단체 등에서 방사능이 어떤 영향을 미치는지 설명하면서 목소리를 내기 시작했다. 처음으로 일반 대중은 오염물질이 자연 속에서 반드시 희석되어 사라지는 게 아니라, 예기치 못한 방식으로 생물권 내에서 순환할 수 있다는 사실을 알게 되었다.

무작위로 발생하는 것처럼 보이고, 효과적인 치료법이 없는 암에 대한 두려움은 환경보호를 요구하는 또 하나의 원동력이 되었다. 1960년대 초에 독물학자들은 산업과 농업에서 나오는 독소가 일반 대중에게 미치는 영향을 예측할 수 있게 되었고, 유행병에 대한 연구 결과 환경오염이 암 환자 증가와 연관이 있다는 사실이 밝혀졌다. 전체 암 환자 중 몇 %가 환경에 배출된 독소 때문에 생기는지는 아무도 몰랐지만(그것은 지금도 마찬가지다), 수질오염에 대한 관심이 커지게 되었다. 산업 오염물질을 처리 과정을 거치치 않고 수로로 방류하는 것은 단지 보기에 좋지 않은 것만이 아니었다. 그것은 생명 자체를 위협하는 요인이었다.

이때 등장한 환경운동의 한 예언자가 레이첼 카슨이었다. 1962년에 카슨이 출판한 『침묵의 봄』은 DDT가 새알에 미치는 영향을 서정적인 산문으로 묘사했고, 거기서 더 나아가 환경 속으로 마구 배출되는 화학물질에 관해 문제를 제기했다. 계속 이런 식으로 화학물질을 환경 속으로 배출한다면, 우리는 어느 날 침묵에 빠진 세상에서 눈을 뜨게 될 것이라고 카슨은 경고했다. 이 책은 환경운동의 핵심 주제를 분명하게 부각했다. 환경 파괴를 멈추기 위해 즉각 행동을 취하지 않으면,

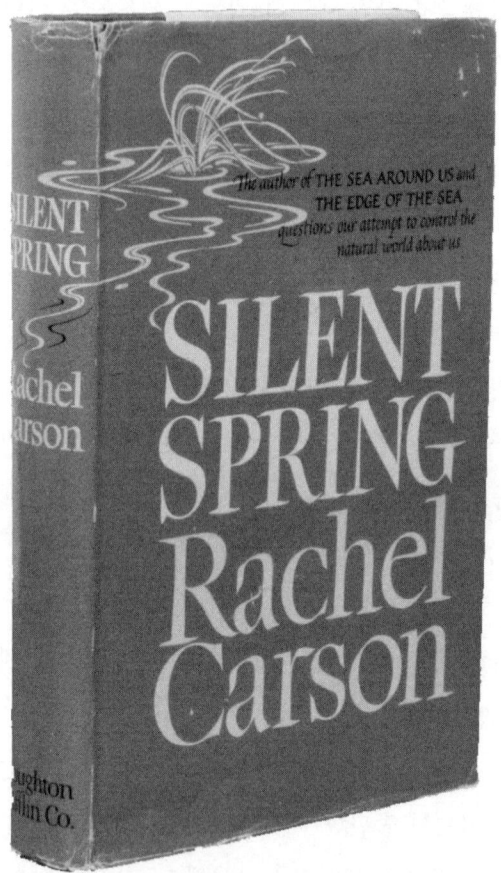

1962년 출간된 레이첼 카슨의 『침묵의 봄』은 환경운동의 핵심 주제를 분명하게 부각했고 결국 1965년 수질 관련 법안 통과를 견인해 냈다.

지구는 결국 '생태 재앙'을 맞이하게 될 것이라는 게 그 핵심 주제였다.

환경운동이 처음 시작되었을 때 큰 호응을 보인 사람들은 주로 교육 수준이 높고 부유한 백인이었다. 비농촌 지역 주민에 관련된 환경문제에 대한 관심은 정치적 성향에 상관없이 55세 이상의 사람들 사이에서 가장 높게 나타났다. 그 당시 환경운동가들은 집을 두 채 이상 소유한 사람들이라는 말이 나돌았다. 즉 보호할 가치가 있는 걸 소유하고 있고, 물이 오염되지 않고 공기가 깨끗하던 시절에 대한 기억을 갖고 있을 만큼 나이 든 사람들이었다. 또 권력에 가까웠고, 정치적 과정이 어떻게 진행되는지 잘 알았다. 의원들의 사교모임에서도 오염이 대화의 주요 주제가 되었던 게 분명하다. 전국의 하천에 대한 수질 기준을 세울 것을 요구하는 최초의 수질 관련 법안(수질법)이 1965년에 통과되었기 때문이다.

환경운동은 겨우 걸음마를 뗀 것에 지나지 않았지만, 지식과 능력을 가진 핵심 세력을 통해 그 정신은 급속하게 전파되어갔다. 이전에는 오염을 산업 사회의 불가피한 부산물로 여겼지만, 이제는 사회적 문제로 바라보게 되었다. 제품을 많이 생산할수록 환경은 그만큼 더 나빠진다는 인식이 퍼져나갔다.

쿠야호가 강에 불이 난 해인 1969년 "인간과 자연이 생산적인 조화를 이루어 존재할 수 있는 환경을 만들고 유지하는 것"

을 목적으로 하는 국가환경정책법이 정식 법안으로 채택되었다. 1970년 4월 22일 일반 대중에게 환경문제에 대한 인식을 고취하려는 목적으로 제1차 지구의 날 행사가 전국적으로 벌어졌다. 시에라 클럽, 국가자원보존위원회, 그린피스, 자연보존협회, 미국 야생생물재단, 오듀본협회 같은 단체들의 회원 수가 크게 늘어났다. 환경운동은 전 국민의 관심을 끌기 시작했고, 정치적 운동을 성공적으로 펼쳤으며, 마침내 수천만 시민의 일상 습관을 바꾸는 데 크게 기여했다.

1972년 연방수질오염규제법(흔히 수질오염방지법이라 부른다)이 통과되었다. 이 법은 비용에 상관없이 수질을 개선할 것을 요구하고, 수로에 오염물질을 방류하는 행위를 1985년까지 완전히 없애는 것을 '국가적 목표'로 정했다. 이에 따라 미국 내 모든 도시는 의무적으로 하수처리장을 건설하여 운영해야 했으며, 새로 설립된 환경보호국(EPA)은 보조금과 기술을 지원해주었다.

환경운동의 표적이 된 것은 수로뿐만이 아니었다. 그 밖에도 대기오염방지법, 자원보전 및 회수법(유해 폐기물을 겨냥한 법), 유해물질관리법, 연방 살충제·살균제·쥐약 관리법, 안전한 식수법, 이전의 유해 폐기물 처리 장소를 깨끗이 하기 위해 만든 종합환경보상책임법 등도 시행되었다.

이제 땅이나 물 혹은 자원을 개발할 때에는 경제적 효과뿐만 아니라 반드시 환경적, 미학적, 사회적 효과도 함께 고려하도록 법으로 정해져 있다. 야생 자연의 목소리에 이렇게 많은 사람들이 귀를 기울이고, 깊이 느끼고, 단호한 행동을 취한 적은 역사상 유례가 없었다. 이렇게 해서 하천을 구할 수 있게 되었다.

11

슬러지가 말해주는 것

수질오염방지법은 모든 종류의 오염물질 배출을 처벌한다. 하지만 도시와 산업에서 대개의 문제가 비롯되는 것으로 인식되었기 때문에 예산은 이들 오염 배출원에서 나오는 오염물질을 줄이는 데 집중되었다. 수질오염방지법이 통과되고 나서 10년 동안 연방정부는 폐수처리장 건설 보조금으로 수십억 달러를 지출했고, 산업계도 각 회사 내에서 오염물질 배출을 방지하느라 더 많은 돈을 쏟아부었다. 각 산업 현장과 도시에서 오염물질 배출과 자원 낭비를 줄이고 폐수처리장을 건설하자 유독 물질 배출량이 감소했다.

그로 인해 환경도 눈에 띄게 개선되었다. 죽어가는 물고기가 줄어들었고, 조류의 급속한 번식도 사라졌으며, 전국 각지의 강과 호수가 되살아나기 시작했다. DDT를 금지하자 물수리와 대머리수리, 갈색사다새의 수가 불어났다. 또 부차적 활동에 머물렀던 자원 재활용이 표준적인 행동으로 자리 잡았다. 새로운 환경법안들이 가져온 뚜렷한 효과 중 하나는 석탄을 때면서 검은 매연을 뿜어내던 공장들이 굴뚝에서 배출되는 오염물질을 의무적으로 처리하게 된 것이다. 그런데 매연 입자들을 제거하자 예상 밖의 결과가 나타났다.

매연 속에 들어 있는 큰 입자들은 화학적으로 염기이다. 굴뚝이 낮아서 검은 매연이 도시를 뒤덮을 때에는 매연에 포함된 염기성 입자들이 연소를 통해 배출된 질소산화물과 황산화물이 대기 중에 만들어낸 산을 중화했다. 빗물은 더러웠지만, pH는 중성에 가까웠다. 심지어 검은 매연으로 유명한 런던에서도 나무와 정원은 건강하게 잘 자랐다.

1940년대에 검댕이 도시에 떨어지지 않도록 굴뚝의 높이를 더 높였는데, 이 때문에 산성비가 시작된 것으로 보인다. 입자들은 여전히 주변 지역에 떨어졌지만, 산성 입자들은 높이 떠돌면서 탁월풍에 실려 북동쪽으로 날아갔다. 대기오염방지법이 시행되고, 러스트벨트˚에서 더 이상 오염물질을 대기 중으로 배출하지 못하도록 하자, 큰 입자들은 여과장치로 제거되었지만 황산화물과 질소산화물은 굴뚝을 통해 계속 배출되었다. 얼마 후부터 북동부 지역에서는 오렌지 주스만큼 산성도가 높은 비가 내리기 시작했다.

토양의 pH가 중성이나 염기성을 유지하는 한, 토양 속에 포함돼 있는 광물질과 미량 금속은 제자리에 고정돼 있었다. 북동부 지역의 토양은 처음에는 중성에 가까웠지만, 30년 동안 비의 산성도가 점점 더 높아지자, 토양은 더 이상 산성비의 파괴 작용에 대해 완충 작용을 하지 못하게 되었다. 토양에 묶여 있던 금속들이 녹으면서 이동하기 시작했고, 물고기들이 금속 중독으로 죽어가기 시작했다. 피부에 물질이 잘 스며드는 양서류는 산성 물질로부터 직접적인 영향을 받았고, 높은 지대에서 자라는 나무들 역시 산성 안개에 젖어 큰 피해를 입었다. 1980년대 초 뉴욕 주 북부와 버몬트 주의 산꼭대기에서 자라는 나무들이 죽어가기 시작했고, 산에 있는 연못들 주위에 하얗게 변한 도롱뇽과 개구리 시체들이 널려 있는 것이 자주 목격되었다. 모든 굴뚝에 추가 장비가 설치되었는데, 단지 매연 배출을 줄이기 위한 것만은 아니었다. 에너지 절약, 연소 효율 개선, 제품과 생산수단의 변화는 곧 더 맑은 하늘과 달콤한 비를 가져오는 데 기여했다.

---

* Rust Belt. 미네소타 주, 인디애나 주, 오하이오 주, 펜실베이니아 주 일부, 뉴욕 주 일부 등 과거에 철강 산업과 자동차 산업으로 활기가 넘쳤던 지역. 지금은 이들 산업이 사양 산업으로 변하면서 기업들이 떠나고 남은 시설들은 녹이 슬어가고 있다 하여 붙은 이름이다.

1987년 MIT에서 기술과 정책 과정 석사 학위를 받고 졸업한 나는 물을 깨끗하게 하는 방법도 충분히 공학적으로 설계할 수 있다고 믿었다. 그래서 가장 최근의 대도시 폐수처리계획인 보스턴 항구 오염 제거 작업에 참여해 일했다.

보스턴의 하수 체계는 미국 내에서 가장 오래된 것 중 하나로, 불규칙하게 사방으로 뻗어 있었다. 1860년대에 시는 보스턴 항구의 문 섬에 저장 탱크들을 건설하고, 썰물 때 하수를 방류했다. 그 당시만 해도 이것은 하수 처리 분야에서 진일보한 사려 깊은 체계로 평가되어 국내외의 여러 토목공학 학술지에 실렸다. 그러나 100년 이상의 세월이 흐르는 동안 이 하수 체계에는 변한 것은 거의 없이 연결된 도시의 수만 늘어났다. 예전에 도시 남쪽과 북쪽에 있던 작은 섬들에 위치한 2개의 주처리 시설은 43개 지역에서 쏟아내는 하수를 받아들였는데, 거기에는 6000개 이상의 업체에서 방류하는 산업 폐수와 230만 명의 시민이 배출하는 하수가 포함돼 있었다. 그리고 매일 썰물 때마다 슬러지를 방류했다. 갈색 슬러지는 바다로 확산돼 갈 것이라고 기대했지만, 도로 해안으로 밀려오는 경우가 더 많았다. 바다의 조류는 슬러지와 함께 수천 개의 핑크색 플라스틱 탐폰 삽입기구를 해변으로 밀어 보냈다.

1982년 퀸시의 시 법무관이 보스턴 근처 해변에서 조깅을 하다가 자신이 똥밭에서 달리고 있다는 사실을 깨달았다. 1년이 지나기 전에 퀸시 시는 하수처리장을 운영하는 보스턴 시위원회를 고소했다. 얼마 후 환경보호국도 또 따른 소송을 걸면서 분쟁에 뛰어들었다. 재판 결과 자체 하수처리장을 짓고 슬러지를 더 이상 보스턴 항구에 방류하지 말라는 결정이 내렸다.

나는 매사추세츠 주 수자원 관리국에서도 일했는데, 나를 포함해 5명은 처리한 폐수를 땅에다 다시 활용하는 방법을 연구하는 과제를 맡았다. 슬러지의 처리는 슬러지 고형화 공장의 부지를 정하고 공장이 건설될 때까지 기다려야 했지만, 법원은 찌꺼는 당장 처리하라고 명령했다. 그렇지만 세부적인 것을 결정하기 전에 우리는 하수처리장 내부를 깊이 들여다볼 필요가 있었다.

그 일의 여정은 하수처리장 로비에서부터 시작된다. 인기 없는 항목에 배정된 시 예산은 변변치 않기 때문에 전국의 하수처리장을 가보면 곳곳에 널려 있는 값싼 리놀륨제 바닥, 철제 책상, 입구 통로에 설치된 수조 그리고 바깥의 처리장에서 풍겨오는 슬러지 냄새까지, 그 구조가 놀라울 정도로 서로 비슷하다. 하수를 하수처리장으로 운반하는 주 하수도관은 거대한 경우가 많다. 미국에서 1인당 하수 생산량은 하루에 약 100갤런이나 되기 때문에 도시에서 배출되는 하수의 양은 실로 어마어마하다. 보스턴에서는 하수의 양이 항구로 흘러드는 세 강(찰스 강, 미스틱 강, 네폰셋 강)의 유량을 합친 것보다 더 많다.

하수의 구성 성분은 대부분 물이고 고체 물질은 1~2%를 차지하는데, 똥, 음식물, 화장지, 세제, 비누, 샴푸, 세척제, 가정용 유해 폐기물, 기름과 유지 등이 이에 해당한다. 물의 색깔은 회색이고, 화장지 조각들이 도처에 널려 있다. 처리장의 펌프가 막히지 않도록 일련의 사전 여과 과정을 통해 양말, 넝마, 막대, 통나무 등을 걸러낸다. 그러고 나서는 하수의 흐름을 늦추는 방들을 통과시키면서 고체 덩어리를 바닥에 가라앉힌다. 고체 덩어리는 대부분 모래와 자갈이지만, 참외 씨, 커피 알갱이, 담배 꽁초(그리고 잠깐 동안은 꿈틀거리는 하얀 지렁이)도 섞여 있다. 이런 고체 덩어리와 걸러낸 부스러기들은 대개 쓰레기 매립장에 묻힌다.

그다음 단계의 정화 작업은 거대한 직사각형의 노천 1차 침전 탱크, 곧 침전조에서 이루어진다. 블레이드가 탱크 표면 위로 천천히 지나가면서 찌꺼기를 걷어내 농축 탱크로 옮긴다. 위에서는 갈매기가 빙빙 돌다가 탱크들 사이의 보도에 흩어져 있는 야채와 탐폰 삽입기구를 집어간다. 하수는 침전조에서 한두 시간 동안 머물며 성분별로 여러 층으로 분리된다. 맨 위에 뜬 찌꺼기에는 유지, 비누, 피부, 야채, 광유, 일부 종이, 목재, 면, 1회용 밴드, 콘돔 그리고 사람들이 변기에 그냥 내려보내는 플라스틱 탐폰 삽입기구 등이 포함돼 있다.

플라스틱 탐폰 삽입기구는 하수처리기사에겐 큰 골칫거리이다. 공기역학적으로 설계된 이 기구는 여과장치를 어뢰처럼 미끄러져 통과하기 때문이다. 1980년대에 보스턴의 하수처리장에는 하루에 플라스틱 탐폰 삽입기구가 약 5만 개나 떠내려왔다. 바꿔 말하면 사용된 것 중 약 40%가 변기에 버려졌다는 이야기인데, 주요 제조업체인 플레이텍스 사는 그 당시 비공식적인 조사 결과 제품을 사용하고 나서 변기에 버리는 고객은 1%에 불과하다고 주장했다.

침전조 바닥에 가라앉은 슬러지(대부분은 똥, 화장지, 물에 떠 있는 좀더 무거운 고체 물질들)는 오수통이나 호퍼에다 긁어모은 뒤에 탱크 바닥에서 뽑아내 추가 처리 과정을 거친다.

1차 처리가 끝난 물은 머금고 있던 고체 물질 중 약 3분의 2가 제거되지만 아직도 서스펜션이나 콜로이드 상태 또는 용해된 상태(예컨대 소변)의 고체 물질을 포함하고 있다. 보스턴 시가 2차 하수처리장을 짓기 전에는 이 단계에서 물을 염소로 소독해 항구로 방류했다.

2차 처리 과정에서는 물속에 녹아 있는 고체 물질을 하수의 일부를 이루고 있는 다양한 미생물 집단들이 먹어치운다. 질척질척하고 동그란 세균 슬러지의 성장을 극대화하기 위해 온도와 용존산소량, 접촉 시간을 조절한다. 이렇게 처리된 하수는 염소를 가한 뒤에 수로로 방류한다. 2차 처리 과정을 거치면 하수에 포함된 고체 물질 중 약 90%가 제거되지만, 95%까지 제거된 사례는 아직 듣지 못했다. 여과나 화학적 침전 과정(화학약품을 사용해 녹아 있는 고체를 엉기게 한다)을 포함하는 3차 처리 과정을 거치면, 물속에 포함된 고체 물질 중 99% 이상을 제거할 수 있다. 여기까지 처리된 물은 마실 수도 있다 (원한다면). 그러나 3차 처리는 수질 개선 효과에 비해 비용이 너무 높은 것으로 간주되기 때문에 오늘날 이러한 처리 시설을 갖추고 있는 도시는 손가락으로 꼽는다. 90%를 제거하는 것만 해도 상당히 훌륭한 것이지만, 2차 처리 과정은 결코 완전한 해결책이 아니다. 여러분이 배수구나 변기나 세탁기에 버리는 것 중 10%는 몇 시간 안에 처리장을 빠져나가 수로로 흘러들기 때문이다.

한편 처리장에는 잔류물이 여전히 남아 있다. 찌끼는 농축 탱크에서 농축시키는데, 여기서 뽑아낸 물을 관을 통해 처리장 입구로 보내고 나면 유지 성분만 남는다. 슬러지도 농축시킨 뒤에 잔류물들을 관을 통해 소화조라는 거대한 용기로 보낸다. 여기서 슬러지 혼합물(자극적인 냄새를 풍기는 암갈색 액체로 점도는 팬케이크 반죽과 비슷하다)이 숙성된다. 미생물의 성장을 촉진하기 위해 온도를 따뜻하게 유지해 주는데, 미생물은 고체 물질을 먹고(소화시키고) 메탄을 내놓는다. 대부분의 하수처리장(보스턴의 처리장을 포함해)에서는 메탄을 따로 모아 처리장을 돌리는 연료로 사용한다. 소화조는 대개 슬러지를 최소한 3주일 이상 보관하기 때문에 대형 하수처리장에는 큰 소화조가 여러 개 필요하다.

전형적인 2단계 혐기성 소화조에서는 첫 단계에서 약 50만 갤런의 슬러지를 잘 혼합하면서 유기물과 미생물의 접촉을 극대화하여 미생물의 성장을 촉진한다. 두 번째 단계에서 믹서의 작동을 멈추면, 슬러지가 네 개의 층으로 분리된다. 찌꺼기와 기묘한 화학물질들이 맨 위에 뜨면, 그 밑의 비교적 맑은 윗물은 관을 통해 뽑아내 하수처리장 입구로 보내 재처리한다. 맑은 윗물 밑에서 거품을 뽀글뽀글 내면서 소화 활동을 활발히 벌이고 있는 슬러지와 소화된 슬러지(대부분의 유기물을 세균이 먹어치운)가 바닥으로 가라앉으면 펌프로 뽑아내 저장 탱크로 옮긴다.

찌꺼기에 포함된 유지 성분은 슬러지에 포함된 유기물보다 더 느리게 소화되기 때문에 찌꺼기막은 쌓이면서 천천히 분해된다. 그러나 찌꺼기에 포함된 플라스틱 물질은 처리하기가 쉽지 않다. 콘돔은 세균에 의해 분해돼 고무 밴드로 착각할 만큼 말쑥한 고리 모양으로 변하지만, 플라스틱 탐폰 삽입기구는 원래의 형태를 그대로 유지하며 몇 년이 지나면 1.8~2.4m 높이로 쌓인다. 이 때문에 소화조를 한 번씩 비우면서 청소를 해주어야 한다.

세균과 그 밖의 미생물이 물속에 포함된 유기물을 대부분 분해해 슬러지가 잘 소화되고 난 결과물은 소 분뇨 거름을 물과 섞어놓은 것과 비슷하다. 소화된 슬러지에 포함되어 있는 인은 한때 수로를 오염시켰던 것이지만 육지에서는 소중한 비료가 되며, 유기물과 미생물은 토양의 생물상을 증가시킨다. 소화된 하수 슬러지는 값싼 화학비료가 나오기 시작한 1940

년대까지는 흔히 거름으로 사용되었다. 그 후 40년 동안 하수 슬러지는 매립지에 묻거나 소각하거나 다시 수로로 흘려보냈다. 그러나 수질오염방지법이 제정되어 산업 폐수의 하천 방류에 제동이 걸리자, 슬러지는 다시 땅에 사용되기 시작했다. 시애틀에서는 나무의 생장을 촉진하기 위해 숲에다 슬러지를 뿌렸으며, 백악관에서는 메릴랜드 주에서 슬러지로 만든 퇴비를 잔디에 뿌리기도 했다. 그러나 뉴욕 시는 계속 슬러지를 바다에 버렸으며, 보스턴은 썰물 때 바다에 방류했다. 그렇지만 1988년에 의회는 바다에 슬러지를 버리는 행위를 전면 금지했고, 마침내 1992년 6월부터 미국 내에서는 하수 슬러지를 바다에 버리는 일이 더 이상 일어나지 않게 되었다.

1988~90년의 2년 동안 나는 보스턴의 하수 찌끼를 처리하는 일을 맡았지만, 그것을 딱히 이용할 만한 데가 없었다. 매립 장비는 유지 위에서는 미끄러지기 때문에 매립지에서는 하수 찌끼를 받으려고 하지 않았다. 소각로도 태우는 물질에 유지와 물이 섞여 있으면 제대로 작동하지 않는다. 게다가 하수가 섞인 지방은 동물 사료나 비누 원료로 쓰기에 부적절했다.

찌끼를 액체 상태로 처리하는 것은 가망이 없었으므로 우리는 그것을 고체로 만들었다. 매일 수천 갤런의 농축 찌끼를 또 다른 폐기물인 시멘트 가마에서 나온 먼지와 섞었다. 화학적으로 고정된 찌끼는 껍데기가 개인위생용품으로 둘러싸인 회색 물질이 되었다. 그것은 물리적으로 흙처럼 반응했고, 결국 고정된 찌끼 수십만 m³가 불도저로 쌓아올려져 세 개의 언덕을 이루었다. 쥐와 갈매기가 그곳으로 몰려들어 찌끼를 뜯어 먹었는데, 아마도 지방을 좋아한 듯하다. 우리가 만든 찌끼 더미는 결국 2차 하수처리장을 사람들의 시야에서 가리기 위해 설계한 언덕에 포함되었다. 나는 이것이 사람들은 자신의 변기가 수로에 연결돼 있다는 사실을 깨닫기 전에는 행동을 바꾸지 않는다는 것을 보여주는 구체적인 증거로 안성맞춤이라고 생각한다.

찌끼를 처리하는 문제와 함께 내가 맡은 또 하나의 임무는 토지에 사용될 슬러지 제품이 그에 관한 환경보호국의 규제 기준을 통과하는지 그 질을 평가하는 것이었다. 폐수나 하수에 섞여 있던 거의 모든 독소와 중금속은 처리 과정에서 슬러지와 찌끼로 옮겨간다. 화학적 오염물질은 파괴되지 않는다. 일부는 휘발해 공기 중으로 들어가지만, 대부분은 유기물이나 유지에 들러붙어 결국 소화된 슬러지에 섞여 들어간다. 예를 들면, 2차 처리 과정을 거치는 동안 하수 속에 섞여 있는 PCB 중 약 92%가 슬러지로 섞여 들어가며, 디메틸프탈레이트는 90%가, 카드뮴은 70%가 섞여 들어간다. 따라서 소화된 슬러지에는 폐수처리장으로 흘러드는 모든 산업 폐수의 지문이 담겨 있는 셈이다.

인구 5만 이상의 모든 도시는 산업폐기물 배출에 관한 기준을 세우도록 법으로 정해져 있는데, 처음에는 모두 이 법을 무시했다. 그러나 슬러지가 재활용되기 시작하자, 자치단체들은 하수처리장에 도착하는 하수에 신경을 더 많이 쓰게 되었다. 도시가 슬러지를 재활용하기 시작하게 되면 산업폐기물 배출 허용 기준이 강화되게 마련이다. 검사관들은 주의를 더 기울이게 되고, 배수로에다 폐기물을 몰래 버리는 기업은 줄어든다. 1982년에 40개 도시의 슬러지를 조사한 결과와 1988년에 전국 하수 슬러지 조사 결과는 산업폐기물 배출 업체의 수에 관계없이 슬러지를 재활용하는 도시들에서 나오는 슬러지가 더 깨끗하다는 것을 보여준다. 1988년의 슬러지 조사 결과에 따르면, 1만 3458개소의 하수처리장에서 마른 슬러지를 1년에 약 600만 톤(1인당 약 23kg) 만들었다. 그중에서 3분의 1 이상이 토지로 되돌아갔는데, 그 양은 꾸준히 증가했다.

 그렇지만 하수에서 산업 오염물질이 감소한 이 이야기는 여기서 좀 엉뚱한 방향으로 흘러간다. 슬러지에 포함된 산업 오염물질이 전부 다 산업 폐수를 통해 그곳에 도착한 게 아니기 때문이다. 포장 도로 위에 빗물이 떨어지면 기름과 가솔린, 타이어 부스러기 등이 하수도로 쓸려간다. 가정에서는 세제와 비누, 가정용 유해 폐기물, 깨알 같은 글씨로 적힌 주의 사항을 읽는다면 절대로 사지 않을 잔디 관리 제품 등을 하수도로 흘려보내고, 주말에 집에서 온갖 것을 수선하고서 시궁창에 기름을 버린다. 저수지에서 흘러온 물에도 금속과 그 밖의 오염물질이 들어 있다.

전국 도시에서 배출된 슬러지의 질에 관한 보고서가 내 책상에 쌓이자, 나는 산업 현장에서 오염물질을 직접 하수도로 내보내는 양은 더 이상 많지 않다는 사실을 알게 되었다. 산업 현장의 오염물질 배출 보고서가 신뢰할 만한 것이냐 하는 것은 차치하고라도, 슬러지는 하수에 포함된 오염물질이 어떤 것인지 분명하게 보여준다. 슬러지는 거짓말을 하지 않는다. 대부분의 도시에서 나온 슬러지는 놀랍도록 깨끗하다. 그러나 수로는 여전히 오염돼 있다.

1980년대 후반에 일부 지역의 경험을 통해 내가 알게 된 현상이 전국적으로 나타나고 있었다. 1970년대에 수질은 아주 빨리 그리고 크게 좋아졌지만, 1980년대 중반에 미국의 수로 중 3분의 1은 여전히 낚시를 하거나 수영을 하기에 부적합하다는 판정을 받았으며, 지금도 여전히 같은 상태로 남아 있다. 전체 호수 면적의 40%와 전체 하천 길이의 30%는 여전히 오염된 상태로 남아 있다. 지난 10년 동안 수질은 전혀 개선되지 않았다.

미국 본토에 내리는 비 중 절반 이상(하루에 약 350억 갤런)은 도시와 산업을 통해 폐수로 변하며, 도시들은 그것을 비교적 잘 처리해 깨끗하게 만든다. 오늘날 수질 오염물질 중 대다수는 거대 농업 산업에서 배출된다. 1992년 환경의 질에 관한 대통령 자문위원회는 하천과 호수를 오염시키는 물질 중 산업에서 배출된 것은 6%뿐이고, 60%는 실트와 비료가 씻겨 내려온 과잉 영양물질이라고 지적했다. 1992년 비영리 환경 기구인 미국 공익연구그룹은 수로와 바다로 흘러들어가는 독성 산업폐기물은 약 15만 5000톤이라고 평가했는데, 이것은 디트로이트 도시 하나가 1960년대에 한 해에 흘려보내는 양과 비교해도 5% 미만이다. 그러나 같은 기간에 수천만 톤의 표토가 하천으로 쓸려 들어가고, 농부들은 전국의 밭에 약 2000만 톤의 비료와 25만~37만 5000톤의 살충제를 뿌린다.

문제의 핵심에는 농업보조금(화학비료와 살충제가 광범위하게 사용되기 전인 1930년대에 만들어진 제도)이 있었다. 지금은 폐지된 이 보조금은 농부들에게 소비자가 주도하는 시장에서 재배할 수 있는 것보다 더 많은 농작물을 재배하게 했고, 수확량을 최대한 늘리기 위해 농부들은 비료와 살충제를 많이 사용했다. 다행히도 유기농법 기술과 생물학적(화학적이 아니라) 해충 방제가 널리 보급되고 있었다. 오늘날 미국에서 수확되는 옥수수 중 3분의 1 이상은 저경운 농법이나 무경운 농법*으로 재배되고 있다. 이것은 작물에서 남은 부분을 토양에 재순환시키고 지렁이에게 거대세공을 만들게 함으로써 땅 위로 흘러가는 물의 양을 줄이고, 대신에 토양에 흡수되는 물의 양을 늘린다. 화학비료와 살충제에 드는 많은 비용(그리고 유기농법으로 재

---

* 토양 침식을 줄이기 위한 경작법으로, 수확하고 남은 식물 줄기를 논밭에 그대로 남겨두었다가 그 다음 해에 밭을 갈지 않고 다시 농작물을 심는 방식.

배한 작물을 기꺼이 비싼 값에 사려는 소비자들의 심리)은 많은 농부들에게 농사법을 재고하게 만들고 있다.

그렇지만 어떤 종류의 오염은 해결하기가 훨씬 어렵다. 지하수 오염은 해결하기가 아주 어려운 것으로 밝혀졌다. 오염물질이 섞인 물줄기가 대수층으로 새어 들어가면, 그것을 제거하는 것은 거의 불가능에 가깝다. 이와 비슷하게, 공기가 더 맑아졌는데도 불구하고, 공기 중의 오염물질이 하늘에서 지속적으로 떨어진다. 아주 맑은 것처럼 보이는 외딴 장소의 연못도 바람에 실려온 각종 화학물질과 금속에 오염된다. 그중에는 소각장 굴뚝에서 뿜어져 나온 수은과 중앙아메리카의 밭에서 날아온 DDT, 그 밖의 각종 유해 폐기물도 소량 섞여 있다. 마지막으로, 우리가 이미 저지른 일은 되돌릴 수가 없다. 유해 폐기물을 뿜어내는 장소를 새로 만들진 않는다 해도, 오래전부터 사용해온 장소들을 깨끗이 하는 데에는 많은 비용이 든다. 그리고 일단 환경 속으로 배출된 PCB는 회수할 도리가 없다.

산업과 도시에서 배출된 유해 폐기물을 처리하느라 이미 수천억 달러의 비용이 들었고, 전국의 수로 중 3분의 1은 아직도 오염 상태로 남아 있다. 수질오염은 우리가 알고 있는 것보다 훨씬 복잡하며, 배출 억제만으로는 문제가 해결되지 않는다.

≋

저수지를 떠난 물은 몇 시간 혹은 며칠 안에 수도관을 지나 가정이나 공장으로 가 오염된다. 하수처리장을 지나면서 물속에 섞여 있던 오염물질이 대부분 제거된 뒤에 물은 수로나 바다로 흘러간다. 물은 며칠 동안 공학적으로 설계된 인공 체계를 거친 뒤에 자연적인 순환 체계로 흘러들어가 10년 이상 순환하다가 바다로 흘러가 구름이 되었다가 습지나 하천에 떨어지거나 지하수로 스며들 수 있다. 그리고 나서 또다시 우물이나 저수지로 흘러든다. 수도관 속에서 하루 동안 흐르는 물은 자연계에서 10년 이상을 보내고 온 물이다. 그리고 자연은 최고의 정화 장치이다. 적어도 한때는 그랬다.

미국의 수로는 꼭 있어야 할 것들이 사라짐으로써 큰 변화를 겪었다. 비버가 없으면, 물은 너무 빨리 바다로 흘러간다. 프레리도그가 없으면, 물은 대수층으로 스며드는 대신 표면 위로 흘러간다. 버팔로가 없으면, 초원에 지하수 재충전 연못이 없어지고 하천역이 망가진다. 앨리게이터가 없으면, 물과 뭍 사이의 경계가 단순해진다. 숲이 없으면, 물은 전혀 여과되지 않고 수로로 흘러들고, 수로를 가로막는 통나무가 얼마 없어 하천의 생산성이 떨어진다. 범람원과 곡류가 없으면, 물은 훨씬 빠른 속도로 흘러가고 물에 실려가는 실트가 바다까지 운반되기 쉽다.

비버와 프레리도그, 버팔로, 앨리게이터는 희귀해진 지 아주 오래되었기 때문에 우리는 이들 동물이 한때 얼마나 풍부하게 존재했는지 잊어버렸다. 비버는 밭과 숲을 물에 잠기게 하기 때문에 사람들이 잡아 죽였고, 그 후로 습지의 면적은 매년 줄어들었다. 프레리도그는 풀을 놓고 소와 경쟁했기 때문에 사람들이 독을 놓아 죽였는데, 그러자 초원은 해가 갈수록 황폐해져갔다. 버팔로는 일반적으로 시대에 맞지 않는 동물로 간주되며, 앨리게이터도 파충류의 본성 때문에 별로 환영을 받지 못한다. 그러나 이들 동물은 모두 한때 수질을 개선하는 방식으로 자연을 빚어내는 데 기여했다.

그런데 그 영향이 미친 곳은 수질뿐만이 아니다. 자연을 빚어내는 이 동물들이 사라지자, 땅의 윤곽이 편평해졌고, 많은 생태적 지위가 사라졌으며, 먹이사슬의 기반이 약해졌고, 그 과정에서 땅의 풍요로움과 생산성이 감소했다. 1993년 내무부 장관이던 배빗(Bruce Babbitt)이 전국의 공유지와 사유지에 대한 생물학적 자료를 수집하기 위해 국립생물국을 설립했다. 지질학자 출신으로 애리조나 주지사를 두 차례 지낸 바 있는 배빗은 연방정부 소유의 땅에서 생태계를 관리하려고 많은 노력을 기울였다. 1995년 국립생물국은 미국 전역을 대상으로 최초의 생태학 조사를 완료했다. 조사 결과, 미국 전역에서 수십 개 생태계의 범위와 활력이 대체로 우리가 눈치채지 못하는 사이에 크게 감소한 것으로 드러났다. 비록 자료에 빈틈과 불확실성이 있긴 했지만, 연구자들은 이 정보는 "큰 위험에 빠져 있는 그림을 분명하게 보여준다"라고 결론내렸다.

가장 큰 위기에 처한 생태계의 예로는 긴풀프레리, 초원 가장자리를 두르고 있는 오크나무 사바나, 불을 통해 관리되던 동부의 오래된 낙엽수림 그리고 한때 남동부 해안 평야 지대를 뒤덮었던 왕솔나무숲을 들 수 있다. 동부의 숲들은 잘려 나갔고, 중서부의 초원은 농작물에 밀려나 거의 사라지다시피 했으며, 오크나무 사바나는 들불이 나지 않자 축소돼 갔다. 왕솔나무 생태계는 두 가지 요인 때문에 타격을 입었다. 20세기 초반에 넓은 면적이 베여 나갔고, 주기적으로 발생하던 불이 사라지자 활엽수에 밀려났다.

소와 양은 초원의 하천역 가장자리를 많이 파괴하여 수생 생태계를 악화시켰다. 하천에 잘 발달된 주변이 있으면, 물을 정화하는 생물을 많이 부양할 수 있다. 혼합림과 짧은풀프레리에서 소들은 하천 주변을 짓밟고 다녔다. 하천가에 자라는 오래된 나무들을 잘라 넘어뜨리거나 물에 잠기게 하는 비버가 사라지자, 미루나무가 하천에서 물을 빨아들이면서 거대해졌다. 이전에는 물고기와 풍요로운 주변과 함께 활기가 넘치던 하천이 황량한 협곡으로 변했다. 지하수면이 내려가고 침식이 심하게 일어나면 그 땅은 50~100년 만에 사막으로 변하고 만다. 1988년 애리조나 주 어류 및 야생동물국이 작성한 보고서는 애리조나 주에 있는 하천역 중 원래 상태를 그대로 유지하고 있는 것은 3% 미만이라고 결론 내렸고, 뉴멕시코 주는 하천역 중 최소한 90%를 방목 때문에 상실했다.

국립생물국이 1995년에 작성한 보고서에 따르면, 미국 본토를 덮고 있던 생태계들 중 최소한 절반이 지금은 심각한 위험에 처해 있다고 한다. 땅의 표면 모습이 변했고, 생태계가 조각나고 단순해졌으며, 그곳을 서식지로 삼아 살아가던 종들이 점점 더 심한 공격을 받고 있다. 미국의 토착 동물상과 식물상을 포괄적으로 평가한 보고서인 자연보존협회의 「1996년 미국의 동식물 종에 관한 연례 성적표」에 따르면, 포유류와 조류는 비교적 잘 적응해 살아가고 있지만, 꽃 피는 식물과 민물에서 살아가는 종들(대부분의 홍합과 많은 물고기들)은 그렇지 못하다. 조사 대상으로 삼은 동식물 2만 481종 가운데 약 3분의 1은 근근히 살아가고 있었다. 250종 이상은 이미 멸종했거나 멸종했을 가능성이 높으며, 1300종 이상은 심각한 위험에 처해 있고, 1800종은 위험에 처해 있으며, 3000종 이상이 취약한 상태에 놓여 있다.

20세기에 민물홍합 21종과 민물고기 40종이 멸종했다. 현재 미국에 살고 있는 민물홍합 종 중 약 3분의 2가 멸종 위기에 처해 있으며, 양서류와 민물고기 중 약 3분의 1도 같은 상황에 처해 있다. 이 종들은 모두 강과 시내, 호수에 의존해 살아가는데, 수질은 개선되어도 이들 생태계는 생물학적으로 더욱 빈곤해지고 있다. 자연보존협회는 「연례 성적표」에서 댐과 그 밖의 수로 변경이 미친 장기적인 효과를 원인의 일부로 지적했다.

연방에너지규제위원회(FERC)가 1940년대와 50년대에 댐들에 50년간 운영 허가를 처음 내주었을 때, 강들은 에너지를 생산하고 농경지에 관개를 하고 도시에 물을 공급하는 용도로 이용되었다. 그러나 강 자체와 강변과 범람원에 사는 생물들은 그 방정식에 포함되지 않았다. 댐은 최대 전력 수요량에 맞춰 전기를 생산하기 위해 물을 방류하면서 수로의 유량에 주기적이고 급격한 요동을 초래했다. 물고기들은 산란 장소에 갈 수 없게 되거나 발전 터빈에 부딪혀 죽어갔다. 댐은 영양 물질의 흐름을 막고, 물의 속도를 느리게 하고, 수온을 높였으며, 물속에 공기를 다시 넣어주는 데 쓰일 수 있는 운동에너지로 전기를 생산했다.

그러나 지난 20년 동안 강에 대한 우리의 생각은 유락과 수생 서식지를 포함하는 방향으로 확대되었고, 댐은 다른 방식으로 운영되기 시작했다. 1986년 연방에너지규제위원회는 댐 운영 허가를 갱신하거나 새로 내줄 때 유락과 생물학적 문제를 전력 생산과 똑같은 비중으로 고려하기로 했다. 많은 경우, 댐이 건설된 강에서는 전체 수생 생태계에 할당되는 물의 양이 아주 적기 때문에 전력 생산을 조금만 줄여도 야생생물에게는 큰 혜택이 돌아간다. 예를 들면, 매사추세츠 주는 디어필드 강의 전력 생산을 10% 줄이기로 합의했는데, 이것은 송어 서식지를 15배가량 증가시키는 결과를 가져올 것으로 예상된다.

  강에 원래의 형태를 찾아주자는 운동은 급류타기 애호가들이 앞장서서 벌였지만, 얼마 지나지 않아 많은 환경단체와 정부 기구도 동참하게 되었다. 1991년 내무부는 봄과 초여름에 전력 생산 대신 래프팅 활동을 지원하기 위해 와이오밍 주와 유타 주, 콜로라도 주의 댐들에 콜로라도 강으로 물을 방류하라고 지시했다. 1996년 3월 26일 글렌캐니언 댐은 일주일 동안의 방류를 통해 인공 홍수를 일으켰고, 33년 동안 적은 양의 물만 흘렀던 그랜드캐니언에 봄 홍수가 지나갔다. 그 결과 댐이 건설된 이후 처음으로 콜로라도 강은 자연적인 흐름을 회복하기 시작했다. 미국 전역에서 약 800개의 댐이 1996~2010년 사이에 운영 허가를 갱신하고 나면, 미국의 수로들은 이전과는 확 달라질 것이다.

  강의 생태계를 유지하는 데 더 많은 물을 돌릴수록 도시와 산업, 농업에 사용할 물은 그만큼 적어진다. 그렇지만 물에 대한 수요는 사람들이 생각하는 것보다 훨씬 유연한 것으로 드러났다. 현재 서부에서 물을 가장 많이 소비하는 부문은 농업인데(전체 물 소비량의 약 90%), 더 효율적인 관개시설을 설치하고, 물을 덜 소비하는 작물을 재배함으로써 물 소비량을 크게 줄일 수 있다. 산업 부문과 도시의 물 소비는 요금에 아주 민감하기 때문에 물값을 올리면 절수 장비의 구매량이 증가하는데, 이

것 역시 물 수요를 줄이는 한 가지 방법이 될 수 있다.

공병대(과거에 준설 작업과 수로 공사를 주로 맡았던) 역시 환경에 더 많은 신경을 쓰게 되었다. 1969년 연방 대법원 판사 더글러스(William O. Douglas)는 환경을 파괴하는 활동 때문에 공병대를 공적 1호라고 규정했다. 특히 공병대가 플로리다 주 남부에서 추진한 계획은 너무나도 파괴적이어서 마침내 중단되었다.

키시미 강은 원래 남쪽으로 약 220km나 빙 돌아서 흐르다가 오키초비 호로 흘러들었다. 호수 남쪽에는 에버글레이즈 대소택지가 있는데, 플로리다 주 남단까지 끊어지지 않고 240km나 뻗어 있는 풀의 강을 부양한다. 1928년에 플로리다 주 남부에 홍수가 발생해 2750명이 익사하자, 공병대는 에버글레이즈에 족쇄를 채우는 방식으로 복수를 했다. 구불구불한 키시미 강은 곧게 뻗은 길이 90km, 폭 52m, 깊이 9m의 운하로 변했다. 오키초비 호 주위에는 흙으로 거대한 제방을 쌓았고, 전체 에버글레이즈 대소택지 면적의 절반 이상을 농경지로 바꾸기 위해 길이 2240km에 이르는 운하와 제방, 방수로, 배수장이 건설되었다. 부동산 투기꾼, 목장주, 사탕수수 재배업자, 그 밖의 농업 경영자들은 큰돈을 벌었지만, 1960년대에 들어 강과 호수는 오염되었다. 에버글레이즈 남단(140만 에이커)은 야생 자연 상태로 남겨져 있었지만, 공급되는 물은 그 생태계를 유지하기에 턱없이 부족했다. 1970년대에 이르자,

이전에 엄청난 떼를 이루어 살던 물새들의 수가 크게 줄어들었고, 농경지에서 흘러나온 물은 식물에게는 영양을 지나치게 공급하고 동물을 중독시켰다. 에버글레이즈는 말라붙기 시작했다.

오늘날 공병대는 키시미 강을 제방과 갑문에서 해방시키고, 한때 강물을 깨끗하게 해주던 습지를 회복시키려고 노력하고 있다. 3억 7200만 달러의 예산을 들여 35km 길이의 운하를 69km의 구불구불한 키시미 강으로 복원하려는 계획은 연방과 주가 함께 120억 달러를 투입하여 전체 강을 복원하는 계획으로 확대되었다. 에버글레이즈에 물을 새로 더 공급해주자 소택지가 되살아나기 시작했으며, 플로리다 주 전체 주민이 힘을 모아 풀의 낙원을 되살리기 위해 노력하고 있다. 에버글레이즈는 예외적인 사례가 아니다. 미국 전역에서 공병대는 환경단체들과 협력하여 야생 생물에게 최대한의 혜택이 돌아가도록 물을 관리하려고 애쓰고 있다.

≋

수로의 원형을 망가뜨린 지 100년이 지난 뒤에야 우리는 일부 원형을 복원하려고 애쓰고 있다. 이러한 방향 전환은 많은 수생 생물 종에게 큰 도움이 된다는 것은 의심의 여지가 없지만, 대부분의 토착 민물홍합을 되살리기에는 너무 늦은 것인

1928년 플로리다 주 남부에 홍수가 나 2750명의 사망자가 발생하자 미국 공병대는 구불구불한 키시미 강을 곧게 뻗은 운하로 만들었다. 부동산 투기꾼, 목장주, 농업 경영자들은 큰돈을 벌었지만 강과 호수는 오염되고 말았다. 지금은 120억 달러를 들여 키시미 강을 원상 복구하고 있다.

지도 모른다.

얼룩말홍합은 오래전부터 카스피 해에서 살아온 종인데, 지난 200년 동안 유럽의 하천으로 퍼져나갔다. 생물학자들은 1985년인가 86년에 유럽에서 온 배 한 척이 이리 호와 휴런 호 사이에 위치한 세인트클레어 호에 밸러스트 탱크의 물을 쏟아낼 때 얼룩말홍합의 유생이 다수 옮겨졌을 것이라고 본다. 얼룩말홍합 유생은 물고기에 의존해 살아가는 아메리카의 민물홍합과는 달리 자유롭게 떠다니며 산다. 그리고 아메리카의 홍합은 바닥의 퇴적층에 구멍을 파고 들어가지만, 얼룩말홍합은 바다에 사는 홍합처럼 질긴 족사(足絲)를 이용해 물 흡입관이나 선체 같은 표면에 들러붙는다. 토착 민물홍합은 100년 동안 그 수가 계속 줄어왔는데, 얼룩말홍합은 생태계의 그 빈 공간을 채우며 퍼져나갔다. 이 외래종은 크게 번식하여 일부 지역에서는 드문드문 존재하는 토착 민물홍합 개체군 주위를 우아한 줄무늬가 나 있는 피스타치오만 한 크기의 얼룩말홍합들이 둘러싸고 있다. 조그마한 홍합은 각각 매일 약 1리터의 물을 걸러 미생물을 잡아먹는데, 오대호와 미시시피 강의 물은 마침내 여과 작용을 하는 연체동물 덕분에 깨끗해지기 시작했다. 그러나 토착 민물홍합들은 이 경쟁에서 살아남기가 어렵다.

얼룩말홍합이 큰 성공을 거둔 사례는 '멸종 위기에 처한 동식물에 관한 법'을 물거품으로 만들 가능성도 있었다. 아메리카 대륙에는 여기저기 흩어진 곳에 있는 비교적 작은 장소에만 고유하게 서식하는 민물고기와 연체동물의 종이 풍부하다. 미시시피 강 유역은 남서부의 샘들과 함께 그곳에만 고유한 종들이 많이 살고 있는 주요 중심 지역이다. 민물홍합, 텍사스장님도롱뇽, 범도롱뇽, 라혼탄컷스로트송어, 곱사처브, 콜로라도강육식잉어, 데블스홀퍼프피시 개체군이 줄어드는 것을 보고 우리는 반문하지 않을 수 없다. 이 모든 종을 구해야 하는가?

그것은 잘못된 질문이다. 멸종 위기에 처한 종들에 대해 마치 카탈로그에 있는 항목이거나 한 것처럼 하나하나 관심을 집중하다 보면, 우리는 더 큰 생태계 그림을 놓치기 쉽다. 옛날의 핵심종들(자연계의 공학자들)이 사라지자, 물이 땅 위로 지나가는 경로와 땅의 모양 자체가 단순해졌다. 한때 그 수가 수억 혹은 수십억이나 되던 핵심 주연급들은 이전에 살던 대부분의 서식지에서 사라지거나 그 수가 크게 줄어들었다. 함께 진화해 온 비버의 연못이 없으면, 연어 치어들은 어디에 숨고 어디서 먹이를 구할 수 있겠는가? 잡아먹을 프레리도그가 없다면, 독수리는 어떻게 살아가겠는가? 범도롱뇽은 몸을 숨길 굴이 사라졌고, 초원뇌조는 구애 춤을 출 무대가 없어졌다. 최소한 자연의 일부에 옛날에 존재했던 공학자 집단을 회복시키지 않는 한, 조연급들도 살아남기가 어렵다.

≈

하수 찌꺼를 처리하던 시절에 나는 사람들이 수로에 영향을 미치는 생활방식을 바꾸려면 하수 체계가 어떻게 돌아가는지 이해할 필요가 있다는 사실을 알게 되었다. 예를 들면, 사람들은 변기가 수로에 연결돼 있다는 사실을 분명히 알기 전에는 여전히 변기에다가 플라스틱을 내려 보낸다. 또 물이 흘러내려가는 경로가 동물들이 만든 땅굴과 습지에 의해 변하며, 이 동물들이 있으면 땅에 더 많은 물이 머물고 더 많은 풀이 자란다는 사실을 알기 전에는, 프레리도그 타운과 비버 서식지를 자신들의 땅에서 계속 몰아내려고 한다. 남서부의 목장주들은 강에서 물을 빨아들이는 심근식물을 독으로 죽이고 있으며, 한때 이 황량한 땅에 습지를 만들던(그리고 강물을 빨아들이는 골리앗이 되기 전에 미루나무를 잘라 없애던) 비버는 잊혀지고 말았다. 미국의 수질을 개선시키겠다는 생각에서 프레리도그와 비버를 다시 자기 땅에서 살아가게 하려는 개인 토지 소유주들이 몇 명이나 될까?

그러나 미국에는 국유지가 아주 많다. 미국 본토 면적 중 5분의 1 이상(62만 6000평방마일)을 토지관리국, 산림청, 어류 및 야생동물국, 국립공원관리소가 소유하면서 관리하고 있다. 이론적으로는 그저 약간의 문서 처리만으로 프레리도그와 비버 개체군을 이 광대한 땅에서 회복시킬 수 있다. 그러나 훼손된 땅이 수로를 오염시킨다는 사실은 모두 잘 알고 있으면서도 공유지는 수질에 대한 고려가 거의 없이 관리되고 있다. 지난 세기에 국유지의 주요 용도는 목재 생산과 방목, 석유와 광물 채굴이었다. 목재 수입을 최대화하기 위해 비버 개체군을 억제했고, 습지가 계속 사라졌다. 하천역의 서식지가 가축 때문에 훼손되어 지하수면이 내려가고 수질이 나빠졌으며, 무분별한 벌채로 하천에 실트가 가득 쌓이게 되었다.

미국 산림청은 미국 본토에서 약 26만 5000평방마일의 삼림지를(그리고 알래스카에서는 이보다 조금 더 많은 면적을) 관리하는데, 이것은 48개 주의 면적 중 약 8%에 해당한다. 숲은 물을 정화하는 기능을 담당하지만, 그러한 능력은 대체로 무시되어왔다. 서부에서는 광대한 면적의 숲이 잘려나가면서 산을 흐르는 개울이 실트로 막혀 연어 어획과 도시의 물 공급에 영향을 미쳤다. 숲은 물을 깨끗이 하지 않고 오히려 더럽히고 있다. 공유지의 삼림지에서는 하천의 원래 상태를 보존하는 방식으로 벌채를 해야 하천의 수질을 훼손하지 않고 개선할 수 있다.

국유지 중 초원을 관리하는 토지관리국은 미국 본토에서 약 27만 5000평방마일의 땅(48개 주 면적의 약 9%)을 관리한다. 약 23만 명의 목축업자가 이 땅과 산림청이 관리하는 일부 땅을 임대해 400만 마리 이상의 소와 200만 마리 이상의 양을 기른다. 국립공원(전체 면적이 약 7만 5000평방마일로, 미국 본토 면적의 약 2%) 중 일부에는 버팔로가 무리를 지어 살고 있지만, 토지관리국이 관리하는 초원에는 버팔로가 얼마 살지 않는다. 옐로스톤 국립공원에만 3000여 마리의 버팔로가 살고 있다. 1991년에 토지관리국이 관리하는 27만 5000평방마일의 땅에서 풀을 뜯고 살아가는 버팔로는 겨우 448마리로 추정되었다. 소와 양은 물가의 서식지를 파괴하는 한편으로, 숲과 탁 트인 방목지에서 포식동물의 먹이가 된다. 코요테와 곰, 퓨마, 늑대는 모두 가축을 잡아먹으며, 갈까마귀는 양의 눈알을 빼먹는다. 가축이 공유지에서 안전하게 살아가도록 하기 위해 미국 농무부는 동물피해억제계획을 통해 매년 코요테 약 8만 마리, 퓨마 약 200마리, 아메리카곰 약 1만 마리, 프레리도그 약 12만 5000마리를 잡아 없앤다.

프레리도그와 비버 그리고 온전한 하천역이 사라진 상황에서 초원은 간신히 명맥을 유지했다. 1991년 환경의 질에 관한 대통령 자문위원회는 미국의 공유지에 있는 방목지 중 절반은 나쁜 상태나 중간 상태에 있으며, '훌륭한' 상태에 있는 것은 겨우 5%뿐이라고 평가했다.* 최근 들어 지나친 방목을 억제하고 하천역의 서식지를 회복하려는 노력이 기울어진 걸 감안하면, 이것은 지난 세기에 공유지의 방목지가 누렸던 것 중 최

---

* '중간 상태'의 방목지는 전체 면적 중 25~50%에 식물이 자라고 있는 상태를 말하며, '훌륭한' 상태의 방목지는 75% 이상에 식물이 자라고 있는 상태를 말한다.

상의 상태라고 볼 수 있다.

초원의 풀은 동물이 뜯어 먹게 할 필요가 있으며, 이렇게 하면 토지와 물을 오염시키지 않고 가축을 기를 수 있다. 서부의 일부 목장주들은 소들을 하천가에 모이게 하는 대신에 여기저기에 흩어지게 하고, 특정 시기에 특정 장소의 풀을 뜯어 먹도록 제한함으로써 하천역의 서식지를 회복시키고 있다. 목양견이 가축을 보호하면 포식동물에게 잡아먹히는 가축의 수가 크게 줄어드는데, 일부 목장주들은 더 많은 야생 동물과 함께 살아가는 방법을 터득했다. 더 좋은 소식은 고기를 얻을 목적으로 버팔로를 사육하는 게 마침내 가능해진 것인데, 이 덕분에 버팔로의 수는 지난 100년 이래 최대를 기록하게 되었다. 1993년에는 모두 13만 마리의 버팔로가 풀을 뜯고, 진흙 웅덩이에서 뒹굴고, 물가를 잘 관리했다. 대부분은 개인 방목지에서 1억 마리의 소와 함께 살았다. 1993년에 버팔로 목장주 세 사람은 옐로스톤에 사는 버팔로 개체군보다 훨씬 큰 무리의 버팔로를 기르고 있었다. 미국에서 가장 큰 버팔로 무리를 소유한 사람은 언론 재벌인 테드 터너인데, 그는 얼마 전에 자신의 땅에 프레리도그도 돌아오게 했다.

버팔로는 브루셀라병을 옮긴다는 이유로 공유지 초원에서 축출되었다. 브루셀라병은 버팔로에게는 별다른 영향을 끼치지 않지만, 소가 걸리면 새끼를 유산하게 된다. 그렇지만 버팔로 개체군이 증가하자, 브루셀라병이 생각했던 것보다 전염성이 강하지 않으며, 방목지를 공유하는 소에게 별다른 위험이 되지 않는 것 같았다. 버팔로 고기의 맛은 지방질이 적은 소고기 맛과 비슷하다. 버팔로는 프레리에서 진화했기 때문에 소보다 훨씬 강인하며, 항생제나 호르몬 혹은 인공 성장 촉진제 같은 것 없이도 기를 수 있다. 겨울철에는 커다란 머리와 어깨로 눈을 헤치고 풀을 뜯어 먹고, 물 대신에 눈을 먹으며, 소가 얼어 죽는 추운 날씨에도 살아남는다. 버팔로를 키우는 목장주는 그 고기를 전문 요리 레스토랑과 고급육 시장에 판매한다. 가격은 간 고기는 파운드(450g)당 약 6달러, 스테이크용 고기는 파운드당 약 20달러이며, 지금까지는 수요가 공급을 훨씬 초과하고 있다.

그러나 프레리도그의 인기는 별로 나아지지 않았다. 한때 프레리도그 타운이 있었던 땅 중 기껏해야 1% 정도에만 땅굴이 남아 있을 것이다. 비록 수백만 마리가 살아남아 있긴 하지만, 그 개체군은 아주 취약하다. 삼림페스트는 아직도 프레리도그 사이에서 풍토병으로 발생하고 있지만, 새로운 서식지를 수립하는 데에는 많은 제약이 따른다. 이동을 하지 않으면 페스트균에 많은 프레리도그가 희생되고 만다. 메타개체군 이론에 따르면, 종은 서로를 유지하는 데 도움을 주면서 상호작용하는 작은 개체군들의 네트워크로 이루어져 있다. 어떤 개체군이 감소할 때에는 이주해 온 건강한 이웃 개체군이 구원의 손길을 내밀 수 있다. 건강한 개체군은 이주하는 개체들을 많이 낳아 양성 피드백 고리를 만듦으로써 건강한 개체군 네트워크를 유지하는 데 도움을 준다. 그러나 개체군이 너무 많이 줄어들면, 전체 네트워크가 붕괴하게 된다. 삼림페스트는 여전히 프레리도그를 많이 죽이고 있어, 개체군을 보충해 줄 이주자의 수가 크게 줄어들 수 있다.

1980년대 초 이래 환경운동가들과 '위기에 빠진' 벌목업자, 채굴 회사, 목축업자의 대변인들(대부분 서부 주 출신의 보수적인 정치인) 사이에 긴장이 높아졌다. 아직도 공유지는 주로 대규모 벌채, 무분별한 방목, 상업적인 채굴을 위해 쓰이고 있지만, 환경운동가들은 서부의 11개 주에서 약 5만 2000평방마일(서부 전체 면적의 약 5%)의 땅을 야생 자연 지대로 격리하는 데 성공했다. 로키 산맥 북부 생태계보호법안(이 책을 쓰고 있을 당시엔 통과되지 않았음)은 다섯 개 지역에서 그 사이에 야생 동물 이동 통로를 둔 2만 5000평방마일의 땅을 보호구역으로 설정할 것을 요구하고 있다. 이 법안이 통과되면 미국에서 오래된 전체 숲 중 약 1%를 보호할 수 있게 될 것이다. 또 1985년에 시작된 보전유보계획의 일환으로 미시시피 강의 철새 이동 경로를 따라 약 5만 평방마일(아이오와 주의 크기와 비슷한)의 땅이 농업 생산에서 제외되었다. 10년 뒤 약 8300만 마리의 철새가 그 이동경로를 따라 남쪽으로 이동했는데, 그것은 50년 만에 일어난 최대 규모의 이동이었다.

이처럼 자연을 회복하려는 의지는 우리에게 충분히 있다.

다만, 우리는 거기서 무엇이 없어졌는지 잊어버리고 있었을 뿐이다. 우리가 그것을 뒤집어엎기 전에 존재했던 자연의 균형과 땅의 풍요로움과 풍부함은 몇몇 핵심종을 기반으로 하고 있다. 정말로 중요한 것은 그 수이다. 290만 평방마일의 땅에는 수십억 개의 프레리도그 땅굴과 수없이 많은 비버 댐과 버팔로의 진흙 웅덩이가 중요하다. 이것들이 사라지자, 물을 깨끗이 하고 땅을 풍요롭게 해주던 생태계도 사라졌다. 우리가 진지하게 기울이는 공학적인 노력에도 불구하고 전체 수로 중 약 3분의 1은 아직도 오염 상태에 있으며, 자연적인 물의 순환은 여전히 크게 단순화되어 있다. 그렇지만 물을 여과하는 연체동물과 버팔로가 돌아오고 있고, 프레리도그와 비버도 자신들의 문화를 온전히 보전한 채 살아남았다.

아메리카 대륙에는 한때 새들이 구름처럼 하늘을 뒤덮었고, 초원에는 초식동물이 빽빽하게 풀을 뜯었으며, 강에는 바다에서 돌아오는 물고기가 넘쳤다. 그러니 우리가 노력하면 다시 그런 세상이 올 것이다. 이제 우리의 땅에 균형을 회복하고, 자연의 공학자들에게 제 역할을 맡길 때가 되었다. 만약 프레리도그와 비버에게 공유지에서 옛날의 개체군을 회복할 수 있게 해준다면 수로는 옛날의 영광을 되찾을 것이다. 최소한 공유지에서는 비버와 프레리도그가 고향으로 돌아올 때가 되었다.

:: 참고문헌

1. 모피와 수질의 관계

중세 사람들이 입은 모피 Douglas Gorsline, *What People wore: A Visual History of Dress from Ancient Times to Twentieth-Century America* (New York: Viking, 1952); R. Turner Wilcox, *The Mode in Furs: The History of Furred Costume of the World from Earliest Times to the Present* (New York: Scribner's, 1951); Robert Fossier, *Peasant Life in the Medieval West* (Oxford: Blackwell, 1988).

에드워드 1세가 구입한 모피 Clive Ponting, *A Green History of the World*, 1991 (New York: St. Martin's Press: The Environment and the Collapse of Great Civilizations) p. 178.

새 모피와 사용한 모피의 가격 Elspeth Veale, *The English Fur Trade in the Later Middle Ages* (Oxford: Oxford University Press, 1966) p. 12.

바이킹의 모피 거래 위와 같은 책, p. 62.

러시아에서 수입한 모피에 대한 기록 Robert Delort's *Le commerce des fourrures en Occident à la fin du Moyen Age* (Rome: École Français de Rome, 1978) p. 196; Veale, *English Fur Trade*, p. 69

비버 모피에 대한 수요가 컸던 이유 Delort, *Le commerce des fourrures*, p. 181; Joseph Reichholf, "Beavers," in Grizmek's Encyclopedia of Mammals, vol. 3 (New York: McGraw-Hill, 1990).

유럽에서 비버 모피 거래가 줄어든 것에 관한 통계 자료 Delort, *Le commerce des fourrures*.

찰스 1세가 포고한 법령 *Stuart Royal Proclamations, Vol. II: Royal Proclamations of King Charles I 1625–1646* (Oxford: Clarendon Press, 1983) pp. 613–618.

"춤이 높은 에스파냐 비버 모자" Carolyn Merchant, *Ecological Revolutions* (Chapel Hill: University of North Carolina Press, 1989) p. 42.

1670년, 인디언과 모피 거래를 하기 위해 허드슨베이 회사가 설립되었다. 그리고 첫 번째 탐험 때 비버 가죽의 표준 가격이 정해졌다. Mari Sandoz, *The Beaver Men: Spearheads of an Empire* (New York: Hastings House, 1964) p. 91.

"비버만 있으면 만사형통이다." A. Radclyffe Dugmore, *The Romance of the Beaver: Being the History of the Beaver in the Western Hemisphere* (Philadelphia: Lippincott, 1913) p. 188에서 인용.

매독의 역사 Charles Panati's *Extraordinary Endings of Practically Everything and Everybody* (New York: Harper & Row, 1989) pp. 236-240.

인디언의 천연두 사망률 William Cronon, *Changes in the Land: Indians, Colonists, and the Ecology of New England* (New York: Farrar, Straus & Giroux, 1983) p. 86.

여성들은 "걸치고 있던 외투를 벗어 팔았고…" William Bradford, *Of Plymouth Plantation 1620-1647, ed. Samuel Eliot Morison* (New York: Knopf, 1952) fn. pp. 89-90에서 인용.

메인 주 해안에서 모피 거래를 한 배의 수 Moloney, *The Fur Trade*, pp. 32-33.

"금년에는…수입이 크게 줄었다." Lewis H. Morgan, *The American Beaver: A Classic of Natural History and Ecology* (Philadelphia: Lippincott, 1868) p. 244.

캐나다 지역의 지속 가능한 모피 거래 사업 David J. Wishart, *The Fur Trade of the American West, 1807-1840: A Geographical Synthesis* (Lincoln: University of Nebraska Press, 1979) p. 32.

"이 동물들은 양보다 번식력이 뛰어나다." Dugmore, *Romance*, p. 152에서 인용.

모피 거래를 한 인디언 부족 명단 Sandoz, *Beaver Men*, pp. 147-148.

한 번의 여행 위와 같은 책, p. 149.

"비버의 씨를 말렸다." Leonard L. Rue III, *The World of the Beaver* (Philadelphia: Lippincott, 1964).

루이스와 클라크의 보고서 Wishart, *Fur Trade*, pp. 18-19.

최대 2000명의 인디언 모피 사냥꾼 위와 같은 책, 190-193; Alexander Ross, *Adventure of the First Settlers on the Oregon or Columbia River*, 1810-1813 (London: Smith, Elder, 1849; Ann Arbor: University Microfilms, 1966) pp. 114-116도 참고하라.

미국 본토에 살고 있는 비버의 개체수에 대한 추정치는 각 주의 모피 야생 동물 생물학자와 전화를 통해 얻은 정보를 바탕으로 한 것이다. 비버는 멸종 위기에 처한 종이 아니기 때문에, 대부분의 생물학자는 자기 주에 서식하는 비버의 개체수에 대해 어느 정도 근거 있는 추정치밖에 제시하지 못했다.

2. 비버의 댐 그리고 습지

비버가 애완 동물로 보여주는 행동 A. Radclyffe Dugmore, *The Romance of the Beaver: Being the History of the Beaver in the Western Hemisphere* (Philadelphia: Lippincott, 1913) pp. 172-173.

비버에 관한 인디언의 전설 Mari Sandoz, *The Beaver Men: Spearheads of an Empire* (New York: Hastings House, 1964) p. 23; Enos Mills, *In Beaver World* (Boston: Houghton Mifflin, 1913).

콜럼버스 이전 시대에 존재한 비버의 개체수에 대한 추정치는 6000만 마리에서 4억 마리까지 다양하다. 이 책에서는 그 중간쯤인 2억 마리를 채택했다. Ernest Thompson Seton, *Lives of Game Animals* (New York: Doubleday, Doran, 1929) pp. 447-448도 참고하라.

카스토레움과 살리실산, 향수의 원료 Steffen Arctander, *Perfumes and Flavor Materials of Natural Origin* (Elizabeth, N. J.; published by the author, 1960) pp. 136-138. Jessica Maxwell, "Leave It to Beavers," *Audubon*, March-April 1994, pp. 104-109도 참고하라.

비버의 밤중 작업 북아메리카의 초기 모피 사냥꾼과 탐험가의 진술에 따르면, 북아메리카의 비버는 유럽인이 도착했을 때에는 주행성 동물이었는데, 19세기에 야행성으로 변했다. 최근의 행동 연구는 일부 지역에서 비버는 다시 주행성으로 바뀌고 있음을 시사한다. 버몬트 주 웨이츠필드 시내에 사는 내 이웃인 잰 브로더는 정원에 인접한 습지에 사는 비버가 낮에 일을 하는 것을 관찰했다.

비버의 생활방식 Lewis H. Morgan, *The American Beaver: A Classic of Natural History and Ecology* (Philadelphia: Lippincott, 1868); Leonard L. Rue III, *The World of the Beaver* (Philadelphia: Lippincott, 1964); Morrell Allred, *Beaver Behavior: Architect of Fame and Bane* (Happy Camp, Calif.: Naturegraph, 1986); Hope Ryden, *Lily Pond: Four Years with a Family of Beavers* (New York: William Morrow, 1989).

수생 균류 Felix Barlocher, ed., *The Ecology of Aquatic Hyphomycetes* (New York: Springer-Verlag, 1992) pp. 1, 99.

습지의 먹이그물망 Joseph S. Larson and Richard B. Newton, *The Value of Wetlands to Man and Wildlife* (Amherst: Cooperative Extension Service, University of Massachusetts, 1987); William J. Mitsch and James G. Gosselink, *Wetlands* (New York: Van Nostrand Reinhold, 1986); Brian Moss, *Ecology of Fresh Waters* (New York: Wiley, 1980) chapter 3.

19세기의 모피 사냥 James Bateman, *Animal Traps and Trapping* (Newton Abbott, Eng.: David & Charles, 1971).

3. 수로의 콩팥, 숲

숲에 대한 초기 정착민의 태도 John G. Mitchell, "Whither the Yankee Forest?" *Audubon*, March 1981, pp. 76-99.

조슬린이 한 말 Charles F. Carroll, *The Timber Economy of Puritan New England* (Providence: Brown University Press, 1973) p. 59.

마시가 남긴 방대한 각주는 다른 시대를 엿볼 수 있는 자료이다. 예를 들면, 31쪽에서 그는 다양한 종류의 소택지를 나타내는 라프어 단어 11개를 라틴어로 번역함으로써 습지에 관한 학술 용어를 명확하게 했다.

삼림지와 초원에 불을 지른 인디언의 행동 Stephen J. Pyne, *Fire in America: A Cultural History of Wildland and Rural Fire* (Princeton: Princeton University Press, 1982) p. 74. 인디언은 숲을 관리하는 것 외에도 가지를 구부러뜨려 방향을 가리키는 식으로 어린 나무를 변형시켜 오솔길과 샘을 찾아가는 길을 표시했다. 포킵시에 사는 내 대고모 엘리즈 킨키드의 농장에는 오래 된 오크나무가 한 그루 있는데, 이 나무는 200년 전에 인디언이 샘으로 가는 길을 표시하기 위해 구부린 커다란 가지가 달려 있다.

윈스럽 주니어 John Winthrop Jr. to Henry Oldenburg, Winthrop Papers, Massachusetts Hist. Soc. Coll., 5th ser. 8(1882) pp. 124-125.

야생 동물 개체수의 증가 William Cronon, *Changes in the Land: Indians, Colonists, and the Ecology of New England* (New York: Farrar, Straus & Giroux, 1983) p. 51.

나라간세트족 미안토노모 추장의 한탄 "Leift Lion Gardiner: His Relation of the Pequot Warres," Massachusetts Hist. Soc. Coll., 1st ser. 3 (1833) pp. 154-155.

개척지 시대의 목재 사용 Carroll, *Timber Economy*, p. 25.

18세기와 19세기 초의 목재 사용 R. V. Reynolds and A. H. Pierson, "Fuel Wood Used in the United States, 1630-1930," *USDA Circ.* 641 (February 1942) pp. 9, 14.

농민은 3만 1250만 평방마일의 삼림지를 개간했다 John Perlin, *A Forest Journey: The Role of Wood in the Development of Civilization* (Cambridge: Harvard University Press, 1991) p. 355.

미국삼나무 숲의 미기후 Lorus Milne and Margery Milne, *Water and Life* (New York: Athenaeum, 1964) p. 112.

"광채를 잉크로는 도저히 표현할 수 없다" Linnie Marsh Wolfe, *Son of the Wilderness: The Life of John Muir* (Madison: University of Wisconsin Press, 1945) p. 161.

미국의 원시림 Clive Ponting, *A Green History of the World* (New York: St. Martin's 1991); Gerald J. Grey and Anita Eng, "How Much Old Growth Is Left?" *American Forests*, September-October 1991, pp. 46-48.

오래된 숲의 지의류 Kevin Krajick, "The Secret Life of Backyard Trees," *Discover*, November 1995, pp. 93-101.

1800년경에 버몬트 주에 자라던 나무들의 크기 George Perkins Marsh, *Man and Nature, or Physical Geography as Modified by Human Action* (Cambridge: Harvard University Press/Belknap, 1965[1864]) p. 236.

4. 빗물의 여행

유기물 부스러기의 퇴적 Chris Maser and James Sedell, *From the Forest to the Sea: The Ecology of Wood in Streams, Rivers, Estuaries and Oceans* (Delray Beach, Fla,: St Lucie, 1994) p. 14.

하천 생태계의 영양 물질 Geoffrey Petts, *Impounded River: Perspectives for Ecological Management* (New York: Wiley, 1984) p. 15.

하천 생태학 James V. Ward and Jack A. Stanford, eds., *The Ecology of Regulated Streams* (New York: Plenum, 1979); National Research Council, *Restoration of Aquatic Ecosystems: Science, Technology and Public Policy* (Washington: National Academy Press, 1992).

미시시피 강의 삼각주 *Restoration of Aquatic Ecosystems*, p. 400.

물고기의 산란 장소 청소 위와 같은 책, pp. 179-180.
공병대의 기록 Maser and Sedell, *From the Forest to the Sea*, p. 123.
인도양에 떠다니는 통나무 섬 위와 같은 책, pp. 105-106.
섬에서 일어나는 종의 분화 Meredith Small, "The Seven Macaques of Sulawesi: Radiation on an Intermittent Archipelago," Pacific Discovery, Summer 1995, pp. 24-27 David Day, *A Doomsday Book of Animals* (New York: Viking, 1981) pp. 27, 250.
다윈이 한 말 Carolyn Merchant, *Ecological Revolutions: Nature, Gender, and Science in New England* (Chapel Hill: University of North Carolina Press, 1989) p. 159.
다 자란 오크나무의 증산 작용 Warren Viessman Jr., John W. Knapp, Gary L. Lewis, and Terence E. Harbaugh, *Introduction to Hydrology*, 2d ed. (New York: Harper & Row, 1977) p. 54.
샘물의 생성 Richard M. Ketchum, *The Secret Life of the Forest* (New York: American Heritage, 1970) p. 15.

5. 물을 모으는 풀의 바다

초원의 생성 Carl O. Sauer, "Grassland Climax, Fire and Man," *Jour. Range Management* 3 (1950) pp. 16-21.
봄철의 불 때문에 돋아나는 새싹 David C. Glenn-Lewin, Louise A. Johnson, Thomas W. Jurik, Ann Akey, Mark Leoschke, and Tom Rosburg, "Fire in Central North American Grasslands: Vegetative Reproduction, Seed Germination, and Seedling Establishment," in Scott L. Collins and Linda L. Wallace, eds., *Fire in North American Tallgrass Prairies* (Norman: University of Oklahoma Press, 1990); T. J. Svejcar and J. A. Browning, "Growth and Gas Exchange of Andropogon gerardii as Influenced by Burning," *Jour. Range Management* 411 (1988) pp. 239-244.
본 식물에 대한 불의 영향 S. R. Archer and L. L. Tieszen, "Plant Response to Defoliation: Hierarchical Considerations," in Grazing Research at *Northern Latitudes*, ed. O. Gudmundsson (New York: Plenum, 1968).
프레리에 불을 지른 인디언 Stephen J. Pyne, *Fire in America: A Cultural History of Wildland and Rural Fire* (Princeton: Princeton University Press, 1982)

pp. 84-85.

"경이로운 버팔로 떼" John Filson, *The Discovery and Settlement of Kentucke* (Ann Arbor: University Microfilms, 1966) Facsimile of 1784 edition, p. 32.

초원 서식지의 다양성 Paul G. Risser, "Landscape Processes and the Vegetation of the North American Grassland," in Collins and Wallace, eds., *Fire in North American Tallgrass Prairies*.

프레리의 지표면에 떨어지는 빗방울 E. A. Fitzpatrick, *An Introduction to Soil Science* (Edinburgh: Oliver & Boyd, 1974) pp. 18-19.

프레리의 말코손바닥사슴과 로키산양 Russell McKee, *The Last West: A History of the Great Plains of North America* (New York: Crowell, 1974) p. 169.

버팔로의 진흙 웅덩이 David J. Gibson, "Effect of Animal Disturbance on Tallgrass Prairie Vegetation," *Amer. Midland Naturalist* 121 (1988) pp. 144-154; Frank Gilbert Roe, *The North American Buffalo: A Critical Study of the Species in Its Wild State* (Toronto: University of Toronto Press, 1951) p. 103

재충전 연못 T. C. Lee, A. E. Williams, and C. Wang, "Artificial Recharge Experiment in San Jacinto Basin, Riverside, Southern California," *Jour. Hydrology* 140 (1992) pp. 235-259.

프레리도그의 개체수 Ernest Thompson Seton은 *Lives of Game Animals*에서 19세기에 프레리에 약 50억 마리의 프레리도그가 살았다고 추정했다. 미국 농무부는 20년 동안 프레리도그를 독살시킨 뒤인 1919년에 약 1억 에이커의 프레리에 13억 마리가 살고 있다고 추정했다. (개체수 밀도 추정치에 대해서는 S. Archer, M. G. Garrett, and J. K. Detling, "Rates of Vegetation Change Associated with Prairie Dogs Grazing in North American Mixed-Grass Prairie," *Vegetation* 72 [1987] pp. 159-166를 참고하라.)

프레리도그의 땅굴 R. G. Sheets, R. L. Linder, and R. B. Dahlgren, "Burrow Systems of Prairie Dogs in South Dakota," *Jour. Mammalia* 52 (1971) pp. 451-453. 또, David F. Costello, *The World of the Prairie Dog* (New York: Lippincott, 1970)도 참고하라.

프레리도그 타운 주변의 풀을 뜯어 먹는 걸 좋아한 버팔로와 소 April D. Whicker and James K. Detling, "Ecological Consequences of Prairie Dog Disturbances," *Bio-Science* 38: 11 (1988) pp. 778-784; D. L. Coppock, J. K. Detling, J. E. Ellis, and M. I. Dyer, "Plant-Herbivore Interactions in a

North American Mixed-Grass Prairie," *Oecologia* 56 (1983) pp. 1-15.

프레리도그 땅굴의 온도 Costello, *World of the Prairie Dog*, p. 86.

프레리도그 타운을 피난처로 사용하는 동물들 Ted Williams, "No Dogs Allowed," *Audubon*, September-October 1992, pp. 26-34.

새끼들을 마구 죽이는 프레리도그의 행동 William K. Stevens, "Prairie Dog Colonies Bolster Life on the Plains," *New York Times*, July 11, 1995.

프레리도그의 식성 Leon H. Kelso, "Food Habits of Prairie Dogs," *USDA Circ.* 529, June 1939, pp. 1-15.

거대세공을 통한 물의 이동 E. L. McCoy, C. W. Boast, R. C. Stehouwer, and E. J. Kladivko, "Macropore Hydraulics: Taking a Sledgehammer to Classical Theory," in R. Lal and B. A. Stewart, eds., *Soil Processes and Water Quality* (Boca Raton: Lewis, 1994).

수분 함량이 높은 토양에서 물의 침투 A. V. Granovsky, E. L. McCoy, W. A. Dick, M. J. Shipitalo, and W. M. Edwards, "Water and Chemical Transport through Long-Term No-Till and Plowed Soils," *Soil Sci. Soc. Amer. Jour.* 57(1993) pp. 1560-1567. 또 Edwards, Shipitalo, Dick, and L. B. Owens, "Rainfall Intensity Affects Transport of Water and Chemicals through Macropores in No-Till Soil," *Soil Sci. Soc. Amer. Jour.* 56 (1992) pp. 52-58 도 참고하라.

혀를 얻기 위한 버팔로 사냥 Roe, *The North American Buffalo*, p. 342.

헨더슨이 한 말 위와 같은 책, p. 246.

버팔로 거래의 경제학 William T. Hornaday, "The Extermination of the American Bison, with a Sketch of Its Discovery and Life History," *Smithsonian Report*, 1887 (Washington, D. C., 1889) Part II, p. 496.

오듀본 Alexander Adams, *Sunlight and Storm: The Great American Plains* (New York: Putnam's, 1977) pp. 256-257에서 인용.

1849년 이후 수가 크게 줄어든 버팔로 Hornaday, "Extermination," p. 492.

초기의 소몰이 David F. Costello, *The Prairie World* (New York: Crowell, 1969) p. 213.

그 당시 이 지역을 지나간 세 철도 노선 중 두 철도 노선의 기록이 남아 있다. 책에서 언급한 수치는 기록이 없는 노선에 대해서도 추정치를 적용해 계산한 것이다. Roe, *The North American Buffalo*, p. 437.

노던퍼시픽 철도가 북부 버팔로 떼에 미친 영향 위와 같은 책, p. 448.

인디언의 이주 Rodman W. Paul, *The Far West and the Great Plains in Transition 1859-1900* (New York: Harper & Row, 1988) pp. 128-138.

소 목축 사업에 투자한 영국인 투자자들 McKee, *The Last West*, p. 240.

프레리도그 타운에 소를 방목하는 이점 Whicker and Detling, "Ecological Consequences," p. 783; D. M. Swift, "A Simulation Model of Energy and Nitrogen Balance for Free-Ranging Ungulates," Jour. *Wildlife Management* 47 (1983) pp. 620-645.

6. 프레리의 개간과 물 부족

뗏장집 건축 Alexander Adams, *Sunlight and Storm: The Great American Plains* (New York: Putnam's, 1977) p. 386.

철도회사들의 공유지 취득 권리 Russell McKee, *The Last West: A History of the Great Plains of North America* (New York: Crowell, 1974) p. 228.

산림개간법의 적용 요건 R. Douglas Hurt, *The Dust Bowl: An Agricultural and Social History* (Chicago: Nelson-Hall, 1981), p. 19.

메노파와 겨울밀의 도입 McKee, *The Last West*, pp. 260-262.

밀 100부셸을 생산하는 데 필요한 노동시간은 1840년에는 233인시이던 것이 1900년에는 108인시로 감소했다. 옥수수 100부셸을 생산하는 데 필요한 노동 시간은 1840년에 276인시, 1900년에는 147인시였다. 오늘날에는 밀과 옥수수 100부셸을 각각 생산하는 데 드는 노동 시간은 9인시와 7인시 미만이다. U. S. Bureau of the Census, *Historical Statistics of the United States, Colonial Times to 1970* (Washington: U. S. Government Printing Office, 1975) p. 500.

1886년에 몰아닥친 눈보라의 피해 Marc Reisner, *Cadillac Desert: The American West and Its Disappearing Water* (New York: Viking, 1986) pp. 109-110; John Opie, *Ogallala: Water for a Dry Land* (Lincoln: University of Nebraska Press, 1993) p. 69.

1887~90년의 가뭄 Opie, *Ogallala*, pp. 68-69.

더운 날씨에 얼어 죽은 노새에 관한 이야기 Reisner, *Cadillac Desert*, p. 42.

"우리는 하느님을 믿었지만" McKee, *The Last West*, pp. 250-251.

원반 쟁기 Paul Bonnifield, *The Dust Bowl: Men, Dirt, and Depression* (Albuquerque: University of New Mexico Press, 1979) p. 52.

1930년대에 캔자스 주에서 경작지 면적의 증가 Hurt, *Dust Bowl*, p. 99.

프레리에서 날아온 흙먼지가 동부에 미친 영향 위와 같은 책, pp. 29-34.

캔자스 주의 주부가 한 말 Donald Worster, *Dust Bowl: The Southern Plains in the 1930s* (New York: Oxford University Press, 1979) p. 17.

우물 파는 기술의 발전 Donald E. Green, *Land of the Underground Rain* (Austin: University of Texas Press, 1973) pp. 49-61.

1935~50년에 텍사스 주 서부 지역 농민들이 오갈랄라 대수층에서 뽑아올려 쓴 물의 양 William Ashworth, Not Any Drop to Drink (New York: Summit, 1982) p. 102.

오늘날 오갈랄라 대수층이 물을 공급하는 1600만 에이커의 농경지 Opie, Ogallala, p. 294.

19세기에 유타 주와 애리조나 주에 있던 모르몬교도 마을의 수 Rodman W. Paul, *The Far West and the Great Plains in Transition 1859-1900* (New York: Harper & Row, 1988) pp. 175-176.

"유골이 부서지고 짓이겨진 채 널려 있는 포도밭" Reisner, *Cadillac Desert*, p. 113.

"1889년 당시 관개 경작지는 겨우 5700평방마일에 불과했는데" 위와 같은 책, p. 116.

1894년에 통과된 캐리 법안의 결과 위와 같은 책, p. 114.

7. 댐과 연어의 위기

루스벨트 댐과 개간법 조항 Donald Worster, *Rivers of Empire* (Oxford: Oxford University Press, 1985) pp. 172-173

초기의 개간 계획 Brookings Institution, Institute for Government Research, *The U. S. Reclamation Service: Its History, Activities and Organization* (New York: Appleton, 1919) pp. 24-26.

1917년도 농장 수익에 관한 비교 수치 Worster, *Rivers*, p. 179.

국가 보조금이 96.7%나 들어간 컬럼비아 강 개발계획 Bruce Brown, *Mountain in the Clouds: A Search for the Wild Salmon* (New York: Simon & Schuster, 1982) p. 84에 인용된 미국 내무부의 조사 결과.

"1905년부터 1991년까지 86년 동안" 공공 개발사업에 관한 이 자료의 출처는 U. S. Department of Interior, Bureau of Reclamation, *General Statistics for*

Calendar Year 1991, p. 17이다.

콜로라도 강에 풀어놓은 얼룩메기와 무지개송어 Phillip L. Fradkin, *A River No More* (New York: Knopf, 1981) p. 242.

저수지와 그 하류의 수질과 온도 변화 Geoffrey E. Petts, *Impounded Rivers: Perspectives for Ecological Management* (New York: Wiley, 1984).

하천의 수온이 하루살이에게 미치는 영향 위와 같은 책, p. 197.

샤드고기와 청어와 뱀장어에 관한 초기의 기술 Erhard Rostlund, *Freshwater Fish and Fishing in Native North America* (Berkeley: University of California Press, 1952) pp. 14, 36.

대서양연어의 크기 Brown, *Mountain in the Clouds*, p. 102.

야키마 강과 컬럼비아 강 상류로 돌아오는 연어 개체수 감소 위와 같은 책, pp. 64-65, 85.

컬럼비아 강을 거슬러 올라가는 연어가 맞닥뜨리는 장애물 Martin Heuvelmans, *The River Killers* (Harrisburg, Pa.: Stackpole, 1974) pp. 152-153.

지하로 흐르는 물줄기를 따라 흘러가는 어린 연어 Brown, *Mountain in the Clouds*, p. 93.

저수지가 연어에 미치는 영향 W. J. Ebel, "Review of Effects of Environmental Degradation on the Freshwater Stages of Anadromous Fish," in John Alabaster, ed., *Habitat Modification and Freshwater Fisheries* (London: Butterworths, 1985) p. 70.

2년생 연어의 사망률 95% H. L. Raymond, "Migration Rates of Yearly Chinook Salmon in Relation to Flows and Impoundments on the Snake and Columbia Rivers," *Trans. Amer. Fisheries Soc.*, 97 (1968) pp. 356-359.

질소 과포화로 인한 물고기의 죽음 Heuvelmans, *The River Killers*, p. 158; Petts, Impounded Rivers, pp. 228-229.

연어의 서식지로 사용되는 비버 연못 Hiram W. Li, Carl B. Schrenk, Carl E. Bond, and Eric Rexstad, "Factors Influencing Changes in Fish Assemblages of Pacific Northwest Streams," in William Matthews and David C. Heins, eds., *Community and Evolutionary Ecology of North American Stream Fishes* (Norman: University of Oklahoma Press, 1987) p. 200.

1958~1966년에 워싱턴 주에서 시도한 엘와 부화장과 양식장 계획의 실패 Brown, *Mountain in the Clouds*, pp. 64-65, 85, 151-152.

부화장에서 자란 물고기의 학습 Terry Divietti, "부화장과 야생 연어는 공존할 수 있는가?"란 질문에 대해 워싱턴 주 하원 합동 어류 및 야생동물 위원회에 전문가로 초청받아 한 연설에서.

하천 물고기의 유전적 변이 Matthews and Heins, eds., *Community and Evolutionary Ecology*, p. 6.

8. 홍합과 악어 그리고 공병대

퀸 펄 Philip V. Scarpino, *Great River: An Environmental History of the Upper Mississippi, 1890-1950* (Columbia: University of Missouri Press, 1985) p. 81.

19세기의 진주 채취 Alexander Farn, *Pearls: Natural, Cultured and Imitation* (London: Butterworths Gem Books, 1986); George Frederick Kunz, *Gems and Precious Stones of North America* (Chicago: Scientific Publishing, 1982).

미시시피 강에서의 홍합 채취 Scarpino, *Great River*, p. 84.

진주 단추 산업의 고용 상황 John Sinkankas, *Gemstones of North America* (Princeton: Vand Nostrand, 1959) p. 592; Scarpino, *Great River*, pp. 94-95; Farn, Pearls, p. 52.

수산청의 상업적 홍합 번식 사업 Scarpino, *Great River*, pp. 80-108.

수산청의 어류구조계획 위와 같은 책, pp. 103-105.

미시시피 강에 서식하는 중간 크기의 물고기에는 문아이, 불헤드, 서커, 전어, 스킵잭, 진흙꼬치고기, 화이트배스, 블랙배스, 크래피, 선피시 등이 있다. 육식 물고기의 먹이가 되는 작은 물고기는 미시시피 강에 미국에서 가장 다양하고 풍부하게 존재한다 Erhard Rostlund, *Freshwater Fish and Fishing in Native North America* (Berkeley: University of California Press, 1952).

앨리게이터의 수생 서식지 유지 Constance E. Hunt, *Down by the River: The Impact of Federal Water Projects and Policies on Biological Diversity* (Washington: Island Press, 1988) p. 167.

범람한 미시시피 강가 숲에서의 물고기 산란 Terry R. Finger and Elaine M. Stewart, "Response of Fishes to Flooding Regime in Lowland Hardwood Wetlands," in William Matthews and David C. Heins, eds., *Community and Evolutionary Ecology of North American Stream Fishes* (Norman: University of Oklahoma Press, 1987) p. 86.

공병대가 추진한 계획에 관한 수치 *Annual Report Fiscal Year 1992 of the Secretary of the Army on Civil Works Activities*, Vol. 2 (Washington: U. S. Department of Defense, 1994) p. 1; *National Waterways Roundtable Proceedings: National Waterways Study*, April 22-24, 1980 IWR-80-1 (Washington, D. C.: U. S. Government Printing Office, 1980) p. 652와 Martin Heuvelmans, *The River Killers* (Harrisburg, Pa.: Stackpole, 1974)도 참고하라.

공병대의 심근 식물 제거 Martin Heuvelmans, *The River Killers* (Harrisburg, Pa.: Stackpole, 1974) pp. 136-138.

티파 강 조사 결과 위와 같은 책, p. 206.

미시시피 강 상류의 갑문과 댐 Scarpino, Great River, pp. 7-8, 41.

미시시피 강 하류의 준설 Andrew Brookes, *Channelized Rivers: Perspectives for Ecological Management* (New York: Wiley, 1988) pp. 18-19.

멸종 위기종이 된 민물홍합 John H. Cushman Jr., "Freshwater Mussels Facing Mass Extinction," *New York Times*, October 3, 1995; National *Research Council, Restoration of Aquatic Ecosystems: Science, Technology and Public Policy* (Washington: National Academy Press, 1992) pp. 177-178.

9. 수도관과 변기

고대 로마 시대의 물 공급 Clemens Herschel, *The Two Books on the Water Supply of the City of Rome of Sextus Frontinus* (Boston: Dana & Estes, 1899).

배절 홀이 한 말 Charles Panati, *Extraordinary Endings of Practically Everything and Everybody* (New York: Harper & Row, 1989), p. 24 인용.

보스턴 우물의 부패 Loammi Baldwin, *Report on Introducing Pure Water into the City of Boston* (Boston: Hilliard, Grey, 1835) p. 48; Nelson Manfred Blake, *Water for the Cities* (Syracuse: Syracuse University Press, 1956) p. 13.

"많은 우물물의 냄새는 아주 역겹다" Baldwin, Report, p. 77.

"아주 미묘하고 특이하고 교묘하고 유독하고 해로운 증기" W. Boghurst, Loimographia, *an Account of the Great Plague of London in the Year 1665*, ed. J. F. Payne (London, 1894).

파리의 분뇨 Donald Reid, *Paris Sewers and Sewerman: Realities and*

Representations (Cambridge: Harvard University Press, 1991) fn. p. 11.

Mary Gilliatt, *Bathrooms* (New York: Viking, 1971) p. 16.

Annual Report of the Watering Committee: noted in Blake, Water, p. 89.

코치튜에이트 수로관 위와 같은 책, p. 216.

John Melish, *Travels in the United States of America in the Years 1806 & 1807, and 1809, 1810 & 1811* (Philadephia: Palmer, 1812) vol. 1, p. 61.

영국의 유머 작가 Wallace Reyburn이 쓴 *Flushed with Pride: The Story of Thomas Crapper* (Englewood, N. J.: Prentice-Hall, 1971)은 수세식 변기를 발명한 크래퍼의 일대기이다. 이 풍자 작가는 브래지어를 발명한 오토 티츨링(Otto Titzling)의 일대기도 익살맞게 썼다. 둘 다 짓궂은 장난이지만, 어쨌든 특히 토머스 크래퍼는 문학 작품에까지 소개되었다.

19세기 중엽에 보스턴의 호텔들이 사용한 물 Blake, Water, p. 269.

보스턴의 하수에 관한 통계 자료 Eliot C. Clarke, *Main Drainage Works of the City of Boston* (Boston: Rockwell & Churchill, 1888) p. 11.

장티푸스 사망률 Blake, *Water*, p. 260.

수돗물 여과 Allen Hazen, *The Filtration of Public Water Supplies* (New York: Wiley, 1896) p. 3.

헤이젠의 정리 George Clifford White, *Handbook of Chlorination* (New York: Van Nostrand Reinhold, 1972) p. 285.

수로에 쓰레기를 버리는 것에 대한 초기의 태도 George W. Fuller, "Is It Practicable to Discontinue the Emptying of Sewage into Streams?" *American City*, 7 (1912) pp. 43-45; 위와 같은 책, "Relations between Sewage Disposal and Water Supply Are Changing," *Engineering News Record* 28 (1917) pp. 11-12.

초기의 산업 오염 Joel Tarr, "Industrial Wastes and Public Health: Some Historical Notes, Part I, 1876-1932," *American Journal of Public Health*, Sept. 1985, Vol. 75, No. 9 pp. 1059-1067.

10. 수로로 흘러드는 오염물질

"1940년에 45만 톤 미만이던 것이" Historical Statistics of the United States, *Colonial Times to 1970, Bicentennial Edition* (Washington D. C.: U. S. Bureau of the Census, 1975) compiled from Series p. 18-39 and p. 40-57.

"오늘날 널리 사용되는 합성 화학물질의 종류는 약 7만 가지나 되며" G. Tyler Miller, *Living in the Environment: An Introduction to Environmental Science*, 7th ed. (Belmont, Calif.: Wadsworth, 1992) p. 57.

내 부엌에 있는 1/4 찻숟가락에는 36~40방울이 들어간다. 한 숟가락의 분량은 세 찻숟가락과 비슷하고, 액체 1온스는 두 숟가락 분량이고, 1갤런은 128온스이다. 따라서 8.6갤런에 한 방울이 섞인 농도가 1ppm에 해당하므로, 3ppt는 285만 5000갤런에 한 방울이 섞인 것과 비슷하다.

먹이 사슬 속에 확산된 DDT의 분포 Miller, *Living in the Environment*.

전기 절연체에 사용되는 PCB Laurent Hodges, *Environmental Pollution: A Survey Emphasizing Physical and Chemical Principles* (New York: Holt, Rinehart & Winston, 1973) p. 200.

제조업에 쓰이는 수은 "Mercury in the Environment," in Stanton S. Miller, ed., *Water Pollution: Articles from Volume 4-7 of Environmental Science and Technology* (Washington: Amer. Chem. Soc., 1974) pp. 253-255.

미나마타 W. Eugene Smith and Aileen M. Smith, *Minamata* (New York: Holt, Rinehart & Winston, 1975), pp. 26-33.

제지 산업에서 배출하는 폐수에 포함된 다이옥신 Richard A. Bartlett, *Troubled Waters: Champion Paper and the Pigeon River Controversy* (Knoxville: University of Tennessee Press, 1995) pp. 212-213, 219.

산업적으로 합성된 다양한 에스트로겐 유사 물질에 대해 영국의 Richard M. Sharpe와 John Sumpter가 한 선구적인 연구는 Lawrence Wright의 "Silent Sperm," *The New Yorker*, January 15, 1996, pp. 47-51에 잘 기술돼 있다.

에스트로겐 유사 물질과 생식계 장애의 관련성 Theodora Colburn, Frederick von Saal, and Ana Soto, "Developmental Effects of Endocrine Disrupting Chemicals in Wildlife and Humans," *Environmental Health Perspectives* 101:5 (October 1993) pp. 378-384.

전 세계적인 인간 정자수 감소 Elisabeth Carlsen, Aleksandr Giwercman, Niels Keiding, and Niels Skakkebaek, "Evidence for decreasing quality of semen during past 50 years," *Brit. Med. Jour.*, September 12, 1992, pp. 609-612.

캘러멧 강의 오염 J. I. Bregman and Sergei LeNormand, *The Pollution Paradox* (Washington: Spartan Books, 1966) p. 54.

식품가공 산업에서 배출되는 쓰레기 Hodges, *Environmental Pollution*, pp. 166-167.

도시 하수에 포함된 인의 양 Barry Commoner, *The Closing Circle* (New York: Knopf, 1971) p. 140.

오하이오 강 유역과 펜실베이니아 주의 광산에서 흘러나온 산성 물 Duane A. Smith, *Mining America: The Industry and the Environment, 1800-1980* (Lawrence: University Press of Kansas, 1987) pp. 114-115.

미국의 살충제 사용 현황 Jonathan Tolman, "Poisonous Runoff from Farm Subsidies," *Wall Street Journal*, September 8, 1995; Verlyn Klinkenborg, "A Farming Revolution: Sustainable Agriculture," *National Geographic*, December 1995, pp. 80-88.

일리노이 주 농경지에서 질소 비료의 증가 Commoner, *The Closing Circle*, p. 150.

버펄로 강의 오염 Noel M. Burns, *Erie: The Lake that Survived* (Totowa, N. J.: Rowman & Allanheld, 1985) p. 11.

쿠야호가 강의 화재 위험 Markham, *A Brief History of Pollution*, p. 62.

이리 호에서 하루살이 유충의 감소 William Ashworth, *The Late, Great Lakes: An Environmental History* (New York: Knopf, 1986) p. 124.

세인트로렌스 강 하구에서 일어난 흰돌고래의 죽음 Jon R. Luoma, "Doomed Canaries of Tadoussac," *Audubon*, March 1989, pp. 92-97.

초기 환경운동의 구조 Joseph Harry, Richard P. Gale, and John Hendee, "Conservation: An Upper Middle Class Movement," *Jour. Leisure Research*, Summer 1969; 위와 같은 책, "Conservation, Politics and Democracy," *Jour. Soil and Water Conservation*, November-December 1969, pp. 212-215.

11. 슬러지가 말해주는 것

1980년대 보스턴 항구의 하수 Berrin Tansel and Alice Outwater, "Boston Harbor Clean-Up," *Water, Environment & Technology* 3:3 (March 1991) pp. 45-50.

슬러지에 섞인 화학물질가 중금속 Alice Outwater, *Reuse of Sludge and Minor Wastewater Residuals* (Boca Raton, Fla.: Lewis/CRC, 1994) p. 19.

미국 공익연구그룹은 약 13만 5000톤의 산업 폐수가 직접 수로로 배출되고, 19만 톤이 하수처리장으로 방류된다고 추정한다. 2차 처리까지 거쳤다고 가정하면, 1992년에 산업에서 배출한 15만 5000톤의 독소 중 약 10%인 2만 톤이 수로와 바다로 흘러갔다고 볼 수 있다.

심각한 위기에 처한 생태계 중에서 규모가 작은 것으로는 롱아일랜드의 햄프스테드 평원의 초원, 루이지애나 주의 해안 프레리, 위스콘신 주의 사초류 목초지, 버몬트 주의 모래 호숫가, 캘리포니아 주의 초원, 미시시피 충적 평야의 하천 등이 있다.

애리조나 주와 뉴멕시코 주에서 일어난 하천역 상실 Roger L. DiSilvestro, *Reclaiming the Last Wild Places: A New Agenda for Biodiversity* (New York: Wiley, 1993) p. 116.

디어필드 강의 송어 서식지 증가 William K. Stevens, "New Rules for Old Dams Can Revive Rivers," *New York Times*, November 28, 1995.

1991년 콜로라도 강의 인공 홍수 William Perry Pendley, *War on the West: Government Tyranny on America's Great Frontier* (Washington: Regnery, 1995) pp. 59-60.

연방 대법원 판사 윌리엄 더글러스가 공병대에 대해 한 말 1969년 〈플레이보이〉와의 인터뷰.

키시미 강과 에버글레이즈에서 공병대가 벌인 공사 Mark Derr, "Reclaiming the Everglades," *Audubon*, September-October 1993, pp. 48-56; Martin Heuvelmans, *The River Killers* (Harrisburg, Pa.: Stackpole, 1974) pp. 21-22; Richard Miniter, "Challenges Ahead for the EPA's New Earth Mother," *Insight*, February 8, 1993, pp. 6-11.

얼룩말홍합 John Ross, "An Aquatic Invader Is Running Amok in U. S. Waterways," *Smithsonian*, February 1994, pp. 41-51.

공유지에서 살아가는 버팔로 Bureau of Land Management Program, Fish and Wildlife Habitat Management, "Estimated Number of Big Game Animals on Public Lands, Fiscal Year 1991," in the *Executive Office's Council on Environmental Quality: 22nd Annual Report* (Washington: Govt. Printing Office, 1991) Table 25, p. 39.

동물피해억제계획 DiSilvestro, Reclaiming, p. 115.

개인 방목지에서 살아가는 버팔로 Clifford D. May, "The Buffalo Returns, This Time as Dinner," *New York Times* Magazine, September 26, 1993, pp. 30-

34.

테드 터너의 버팔로와 그의 땅으로 돌아오는 프레리도그 터너의 목장 관리인인 Steve J. Dobrott와의 면담에서.

메타개체군 이론 Carol Kaesuk Yoon, "Wandering Butterflies May Be Charting the Path to Survival," *New York Times*, October 24, 1995.

1995년 남쪽 방향의 조류 이동 기록 William K. Stevens, "With Habitat Restored, Ducks in the Millions Create Fall Spectacle," *New York Times*, November 14, 1995.